십 대를 위한 영화 속
지리인문학 여행

십 대를 위한 영화 속
지리인문학 여행

초판 1쇄 발행 2022년 10월 15일

지은이 성정원, 이지은, 정지민, 한병관
펴낸이 이지은 **펴낸곳** 팜파스
기획편집 박선희
디자인 조성미 **마케팅** 김서희, 김민경
인쇄 케이피알커뮤니케이션

출판등록 2002년 12월 30일 제 10-2536호
주소 서울특별시 마포구 어울마당로5길 18 팜파스빌딩 2층
대표전화 02-335-3681 **팩스** 02-335-3743
홈페이지 www.pampasbook.com | blog.naver.com/pampasbook
이메일 pampas@pampasbook.com

값 14,800원
ISBN 979-11-7026-518-4 (43980)

십 대를 위한 영화 속
지리인문학 여행

성정원, 이지은, 정지민, 한병관 지음

팜파스

영화 장면에 숨어 있는
재미있는 지리 이야기를 찾아서

〈어벤져스〉 시리즈처럼 화려한 CG와 인기 배우들이 출연하여 이목을 끄는 영화도 있지만 전혀 기대치 않았던 영화가 관객을 사로잡아 천만 관객을 동원하기도 한다. 이러한 영화들이 우리나라 인구의 1/5을 극장으로 데려올 수 있었던 이유는 바로 영화 속에 등장하는 인물과 사건, 그리고 이들이 거니는 장소와 살아가는 배경이 우리가 사는 실제 세상을 잘 반영해 넣었기 때문일 것이다. 그리고 그 영화속 세상을 만드는 가장 강력한 요소가 있다. 바로 '지리'이다.

'영화 속 저 인물은 왜 저 음식을 먹으며 고향을 그리워하는 걸까?', '저들은 왜 자꾸 이사를 가게 되는 걸까', '왜 갑자기 전투를 하다가 예배를 드리는 걸까?', '저 도시는 어쩌다 저렇게 희한한 도로를 가진 걸까?'

영화에 등장하는 수많은 설정과 인물의 행동 배경에는 '지리'가 들어가 있다. 그들이 태어나고 자란 곳, 그 땅에서 나서 키우는 것들, 그들이 사는 세상의 날씨와 환경이 이야기의 맥락이 되어 전개를 이끌어 주기 때문이다.

그렇기 때문에 지리를 알고 영화를 보면 더 흥미진진하고 박진감 넘치게 영화를 볼 수 있다. 그리고 이전에는 몰랐던 장면의 이유나 의미를 이해하게 될 수 있다. 그러므로 지리를 통해 그 장면이 가진 의미를 이해한다면 영화가 전해주는 메시지는 더욱 강렬할 것이며, 우리에게 주는 감동은 더욱 풍부할 것이다. 그렇게 본다면 지리는 어쩌면 인기 배우나 화려한 CG 못지않은 역할을 맡고 있는 것일지도 모른다.

이 책은 영화 속 장면에서 들어간 지리에 대한 이야기를 흥미진진하게 살펴보며, 우리가 사는 세상을 지리적 관점에서 바라보고 이해하게끔 도와준다. 특히 실제 사건을 배경으로 만들어진 영화들에서 그 장소가 가지는 의미를 설명하고자 노력했다. 왜 이곳에서 인종(민족) 간 갈등이 일어났는지, 왜 이곳에서 사람들이 모여 살고 흩어지게 되었는지, 왜 이곳에서 전쟁이 나게 되었는지, 왜 이곳에 자연재해가 나타날 수밖에 없었는지를 살펴보고 이야기한다. 재미있게 봤던 영화이지만, 이 책을 읽고 다시 그 영화를 봤을 때, 등장인물과 사건, 그리고 장소를 더 깊이 이해하고, 더 큰 감동을 받을 수 있을 것이다. 한 가지 더 바란다면, 이 책을 읽은 여러분이 영화 밖 복잡하고 다이나믹한 세상에 대한 이해가 더 깊어졌으면 한다.

집필자 일동

차례

지리로 보는
인종과 민족의 갈등 이야기

Chapter 01

지리로 보는
도시와 인구 이야기

Chapter 02

지리로 보는
전쟁 이야기

Chapter 03

지리로 보는
자연환경과 재해 이야기

Chapter 04

Chapter 01

지리로 보는 인종과 민족의 갈등 이야기

치열한 내전에서
아프리카의 아픈 역사를 엿보다

남과 북,
내전 중인 도시를 함께 탈출하다

영화 〈모가디슈〉는 아프리카 동쪽 끝에 위치한 소말리아의 수도 '모가디슈(Mogadishu)'에서 있었던 실화를 다룬다. 1991년 모가디슈에서 내전이 일어난다. 대한민국과 북한 대사관 사람들은 내전의 위기 앞에서 필사의 탈출을 감행했다. 그런데 어쩌다 낯선 아프리카의 한 도시에서 긴장 관계가 역력한 남한과 북한이 함께 탈출하게 되었을까?

1991년 모가디슈에 북한과 남한 대사관이 모인 것은 우리나라가 유엔(UN) 가입을 적극적으로 추진하고 있었기 때문이다. 당시 우리나라는 유엔 회원국이 아니었다. 그래서 우리나라는 외교력을 총동원해, 유엔 회원국들이 우리나라의 유엔 가입을 지지하게끔 만들어야 했다.

소말리아는 우리보다 30년이나 앞선 1960년에 유엔에 이미 가입한 상태였다. 아프리카 나라 대부분이 이 시기에 유엔 가입을 마쳤다. 우리나라는 유엔 가입을 앞두고 있어 아프리카 나라들을 대상으로 유엔 가입의 지지 선언을 얻고자 외교를 한창 펼치고 있었다. 그들을 설득하기 위해 영화 속 한신성(실제 당시 소말리아 대사의 이름은 강신성이다.) 소말리아 대사는 서기관과 차를 타고 "대한민국 역사적 유엔 가입"을 외치며 소말리아 대통령 면담길에 나섰다. 하필 그때 내전이 일어난 것이다.

그럼, 이 영화의 배경이 되는 소말리아의 수도인 모가디슈를 한번

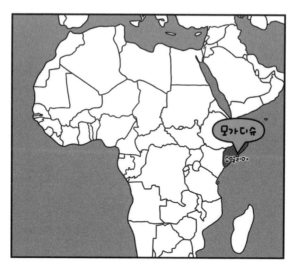

소말리아의 수도 '모가디슈'

살펴보자. 소말리아는 인도양과 접해 있고, 아라비아 반도와 가까워 상업 활동이 활발했다. 특히 소말리아의 수도 모가디슈는 교역의 중심지였다. 아라비아 반도와 인접해 있어 이슬람 세력의 영향을 많이 받아 국민의 99%가 이슬람교를 믿는다. 지금도 모가디슈 곳곳에는 이슬람 사원과 아라베스크를 볼 수 있다.

유엔 가입이 이렇게 힘들 줄이야

유엔(국제 연합. United Nation)은 제2차 세계대전이 끝난 1945년 10월 24일에 출범한 국제기구이다. 유엔의 역할은 세계 평화와 안전을 보장하고, 국가 간 협력을 늘리며 인권 개선 활동을 추진한다. 유엔에 가입한다는 건 국제 사회에서 주권 국가로서 인정을 받는다는 의미이므로, 모든 국가가 유엔 가입을 희망했다.

2021년 우리나라는 국내 총생산(GDP) 기준으로 세계 10위를 차지하는 선진국이다. 이러한 지위에 걸맞게 우리나라는 유엔에서 사무총장을 배출하고, 2013~2014년 상임 이사국으로 활동하는 등 큰 역할을 하고 있다. 하지만 우리나라가 유엔에 가입한 것은 생각하는 것만큼 오래되지 않았다. 불과 30년 전만 해도 아프리카 대부분의 국가들도 가입한 유엔에 가입하지 못한 상태였다. 당시 대한민국이 국제 무대에서 얼마나 약소국이었는지에 새삼 놀라게 된다. 왜 우리나라는 유엔에 가입하지 못했을까?

그 이유는 유엔 회원국에 대한 규정에서 찾아볼 수 있다.

1. 유엔의 회원국 지위는 기구로부터 유엔 헌장에 규정된 의무를 수락하고 이러한 의무를 이행할 능력과 의사가 있다는 판단을 받은 평화를 사랑하는 국가 모두에게 개방된다.
2. 그러한 국가를 유엔 회원국으로 승인하는 절차는 안전 보장 이사회의 권고에 따라 총회의 결정을 통해 이루어진다.

즉, 기존 회원국이 반대할 경우 총회에서 가입이 허락되기 어렵다. 우리나라는 당시 소련을 중심으로 한 사회주의 국가들의 반대로 인해 가입이 계속 좌절됐다. 이에 우리 정부는 유엔 회원국들과 우호적인

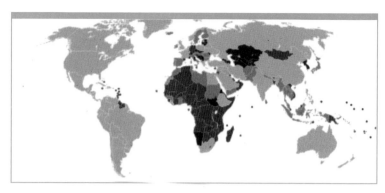

연도별 유엔 가입국 지도

■ 1945년 유엔 창립회원국
■ 1946년~1959년 유엔 가입국
▨ 1960년~1989년 유엔 가입국
■ 1990년 이후 유엔 가입국

외교 관계를 맺어 유엔 가입 지지 선언을 받아야만 했다. 1991년, 대부분의 아프리카 국가들이 유엔 회원국이었기 때문에 우리나라는 아프리카에 대사관을 세우고 적극적인 외교전을 펼친 것이다.

그런 와중에 1988년 서울 올림픽을 성공적으로 열고, 1990년 소련과 정식적으로 수교를 맺으면서 유엔 가입의 마지막 단추를 끼웠다. 이듬해인 1991년 9월 17일 우리나라는 북한과 함께 161번째 유엔 가입국이 되었다. 1991년 유엔 가입이라는 쾌거는 모가디슈의 강신성 대사와 같이 많은 이들이 열악한 환경에서 묵묵히 노력한 결과이다. 2011년 수단에서 분리한 남수단이 가입하여 현재 유엔은 193개 회원국이 있다.

아프리카 대륙에
내전이 끊임없이 일어나는 이유

소말리아는 전 세계 국가들이 여행 금지 국가로 지정했다. 그 이유는 민족 간의 분열로 인해 30년째 내전 중이기 때문이다. 소말리아뿐만 아니라 현재 아프리카 대륙 전체에 내전이 많아 치안이 불안한 상황이다.

아프리카에 내전이 많은 이유는 유럽이 아프리카를 식민 지배하면서 인위적으로 만든 국경선 때문이다. 1884~1885년에 실시한 베를린 회의(Berlin Conference)에서 독일, 영국, 이탈리아, 러시아, 포르투갈, 벨기에 등 유럽 강대국들은 아프리카를 분할하여 통치하는 데

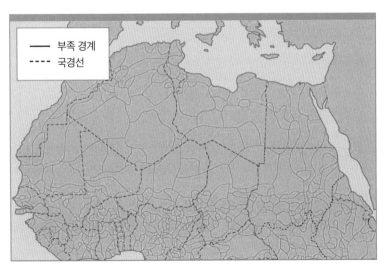

불일치하는 국경선과 부족 경계   출처: 티치빌

합의하고 임의로 국경선을 그었다.

아프리카에는 사람들이 부족 단위로 모여 살고 있었다. 하지만, 국

아프리카를 케이크 자르듯이 나눈 '베를린 회의'

우리는 아프리카에 대해 얼마나 많이 알고 있을까? 초기 인류의 역사가 아프리카에서 시작되었다는 것, 유럽의 강대국들이 신대륙의 아프리카인들을 노예로 팔았다는 것이 우리가 아는 아프리카의 전부다.

우리는 아프리카 문명에 대해서 잘 알지 못한다. 어쩌면 이들은 더 찬란한 문명이 있음에도 유럽의 식민지 전략에 이용당해 역사조차 송두리째 지워진 것일지도 모른다.

베를린 회담에서 레오폴드 2세와 다른 제국주의 국가들이 아프리카 국가를 나누는 만평

유럽 강대국들은 아프리카에 매장된 많은 자원을 호시탐탐 노리고 있었다. 15세기까지만 해도 무역을 거쳐 그 자원을 수입해 갔다. 하지만 18세기 이후 아메리카 대륙의 국가들이 독립하기 시작하면서 유럽은 새로운 식민지로 아프리카를 차지하기 위해 혈안이 되었다.

처음 유럽 강대국들은 아프리카를 문명화해 주겠다는 명목으로 접근했지만, 결국 아프리카의 자원을 착취하기 위해 마구잡이로 침략하기 시작했다. 결국 1885년 베를린 회의에서 유럽 열강들은 아프리카를 공식적으로 식민지로 삼기 위해 반듯한 국경선을 그으며 땅따먹기를 했다. 그 결과, 에티오피아와 라이베리아를 제외한 나머지 아프리카 국가들에 반듯한 국경선이 생겼으며, 제2차 세계대전이 끝나고 아프리카 국가들이 독립한 이후에도 이 국경선은 유지되고 있다.

경선은 그런 부족의 경계는 전혀 고려하지 않고 인위적으로 그어졌다. 그 결과 아프리카가 독립한 이후, 한 국가 내에 여러 부족이 공존해야 하는 상황이 된 것이다. 유럽 열강들이 만든 국가의 경계 안에 같이 살고 있지만, 이들은 문화와 가치관이 다른 부족이었다. 그래서 의견 충돌이 일어날 수밖에 없었다. 이것이 현재 많은 아프리카 국가에서 내전이 끊이지 않는 이유다.

영화에서 우리나라 대사는 유엔 가입을 위해 소말리아 정부에 로비를 한다. 소말리아 정부 관계자는 한신성 대사에게 자녀의 유학 비용을 책임져 달라고 노골적으로 요구한다. 이뿐만 아니라 반군이 도시를 총칼로 장악할 때, 한국 대사관을 지키던 경찰관들은 사적으로 돈을 요구하고 대사관 일행이 돈을 주지 않자 바로 철수해 버린다. 영화적 상상력으로 만든 장면이지만 당시 소말리아는 이러한 부정부패가 실제로 만연했다. 이런 장면이 나오는 이유는 소말리아의 역사를 보면 답을 찾을 수 있다.

소말리아는 아프리카에서 교통의 요충지가 될 수 있어서 유럽의 열강들이 눈독을 들이는 곳이었다. 소말리아를 가장 먼저 지배한 국가는 이탈리아다. 이탈리아의 식민 지배를 받을 당시 모가디슈에는 이탈리아인이 한때 40%가 넘기도 했다. 이러한 이유로 이탈리아는 소말리아에서 영향력이 컸다. 영화에서 우리나라 대사가 이탈리아 대사관에 찾아가 탈출을 도와 달라고 부탁하는 장면이 나오는데, 이것은 소말리아에서 이탈리아의 영향력을 보여 주는 것이다.

제2차 세계대전까지 이탈리아의 식민지였던 소말리아는 이후 영국과 이탈리아에 분할 통치를 받다가 1960년에 독립을 한다. 이후 소말리아는 아덴 압둘라 오스만 다르 초대 대통령에 이어 압디라시드 알리 샤르마르케 대통령까지 민주주의 체제를 이루며 재건을 위해 노력했다.

하지만 1969년 시아드 바레(Siyaad Barre) 장군이 쿠데타를 일으켜 정권을 잡으면서 분쟁의 씨앗이 뿌려졌다. 바레 정권은 사회주의를 바탕으로 독재 정치를 펼친다. 자기 부족에게만 권력과 부를 몰아주었고, 1988년부터 1991년까지 반군 지지자를 포함해 5만 명 이상 학살했다. 이에 다른 부족들은 큰 불만을 품었다. 영화에 나오는 소말리아의 대통령이 바로 쿠데타로 정권을 잡은 바레 대통령이다.

영화 〈모가디슈〉는 독재 정치를 하는 바레 정권을 몰아내기 위한 반정부 시위대의 쿠데타를 그려 낸다. 영화에서 한국 대사관의 운전기사를 하던 청년이 대사관 마당에 피를 흘리며 쓰러져 있다. 그 청년이 두르던 스카프에 'USC'란 글자가 쓰여 있다. 이 글자를 보고 대사관 직원들은 매우 놀라는데, 바로 반정부 시위대 단체의 이름이기 때문이다. 반정부 시위대를 한국 대사관의 직원으로 두었다는 것이 발각되면 소말리아 정부에게 미운털이 박힐 것이라고 걱정하는 장면이 나오는데, 이는 정부군과 USC 사이의 갈등을 보여 준다.

USC(United Somalia Congress: 통일 소말리아 회의)는 바레 정권을 몰아내기 위해 쿠데타를 주도하는 단체로, 바레 정권으로부터 소외받은 부족들의 연합이다. 이들은 쿠데타에 성공하고 바레 정권을 몰아낸다. 그런데 통일 소말리아 회의가 여러 부족이 연합한 단체이다 보니 새로운 정권에서 이권을 두고 싸움이 끊임없이 일어났다. 결과적으로 그 내분이 소말리아 내전으로 이어져, 지금 전 세계에서 가장 위험한 국가가 된 것이다.

이들의 내전을 그들만의 싸움이라고 할 수만은 없다. 오늘날 역사에서 '만약'을 이야기하는 것은 의미가 없을지도 모르지만, 만약 유럽 열강이 국경을 멋대로 분할하고 식민 지배를 하지 않았다면 소말리아, 그리고 아프리카는 지금과는 달라졌을 것이다. 선진국과 국제 사회는 아프리카에 위험한 내전이 끊이지 않는 국가라는 낙인이 아니라, 그들이 싸우기 이전으로 되돌리려는 노력을 기울여야 할 것이다.

내전이 만들어 낸 소말리아 해적

'소말리아'라는 나라가 정확히 어디에 있는지는 몰라도 국가명은 우리에게 익숙하다. 바로 소말리아 해적 때문이다. 2011년 1월 15일에 소말리아 해적들이 아덴만을 지나가던 우리나라 화물선을 납치했다. 그러자 우리나라 청해부대가 '아덴만 여명 작전'으로 화물선과 인질을 구출해낸 사건이 뉴스를 통해 많은 국민들에게 알려졌다. 이 소말리아 해적들은 왜 이곳에서 나쁜 짓을 하고 있는 것일까?

소말리아는 '아프리카의 뿔'이라고 불리는 곳에 있다. 인도양으로 튀어나와 있어 아라비아 반도와 아덴만을 이룬다. 이 아덴만이 바로 소말리아 해적들이 자주 나타나는 지역이다. 그 이유는 이곳에 선박

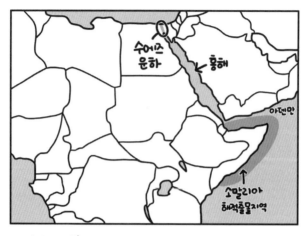

아덴만과 소말리아

들이 많이 지나가기 때문이다.

아덴만을 따라 올라가면 아프리카와 아라비아 반도 사이의 홍해가 나타나고 그 북쪽에 수에즈 운하가 있다. 수에즈 운하는 이집트에 있는 좁은 바닷길인데 유럽에서 아시아 지역으로 이동할 때, 아프리카를 돌아가지 않아도 되는 지름길이 된다. 이 수에즈 운하를 통해 이동하는 물동량은 전 세계 물동량의 12%를 차지할 만큼 중요한 교통로다. 매일 같이 많은 물건을 실은 배들이 수에즈 운하와 홍해를 거쳐 아덴만을 빠져나간다. 해적들은 이 길목에서 먹잇감을 기다리고 있는 것이다.

이곳에 본격적으로 해적이 출몰하기 시작한 것은 1990년 소말리아 내전이 시작되면서부터다. 소말리아 해적은 이 지역의 어부, 소말리아 내전에 참전했던 군인들로 이루어져 있다. 1991년 쿠데타로 인해 정부가 국방의 역할을 제대로 하지 못하자 소말리아 해안에 불법 어선들이 나타났다. 처음에는 이 불법 어선을 퇴치하는 목적으로 조직되었다가 점차 세력이 커지면서 해적이 된 것이다. 어찌 보면 이들도 내전에 의한 피해자들인 셈이다.

탈출의 순간, 이슬람교 규율

남한과 북한 대사관 사람들은 우여곡절 끝에 이탈리아 대사의 도움으로 케냐행 비행기를 탈 수 있게 된다. 마지막 남은 과제는 무사히 이탈리아 대사관까지 도착하는 것이다. 영화에서 자동차 외부를 책, 모래 주머니, 문짝 등으로 덮어서 반군과 정부군의 총격에 대비하는

영화 속 반군의 총격 속에서 탈출하는 대사관 사람들

모습이 나온다. 당시 얼마나 두려운 상황이었는지 알 수 있다.

남북 대사관 사람들이 탈출을 준비하는데 갑자기 사방에서 어떤 음악이 울려 퍼진다. 그와 동시에 대사관 사람들은 차를 타고 이탈리아 대사관으로 출발한다. 얼마 되지 않아 그들은 반군 무리들과 마주한다. 하지만 반군 무리는 차에 총을 겨누지 않고 어딘가를 향해 절을 한다. 바로 알라신에게 예배를 드리는 것이다. 조금 전에 울린 음악은 바로 예배 시간을 알리는 소리였던 것이었다.

소말리아 국민의 99%가 이슬람교를 믿는다. 이슬람교에는 반드시 따라야 하는 5대 의무가 있는데, 이를 '이슬람의 다섯 기둥(five pillars of Islam)'이라 한다. 첫째, 샤하다(shahada)는 '알라(신) 이외에 다른 신은 없으며, 무함마드는 알라의 사도다.'라는 구절을 암송하는 것이다. 둘째, 살라트(salat)는 메카를 향해 하루에 5번 예배를 드리는 것이며 셋째, 자카트(zakat)는 연 수입의 2.5%를 가난한 자들을 위해 기부하는 것이다. 넷째, 사움(saum)은 이슬람력으로 9월(라마단)에 한 달간 단식을 하는 것이며 다섯째, 하즈(hajj)는 생애 한 번 이상 메카로 성지 순례를 떠나야 하는 것이다.

그중 가장 중요한 의무가 하루에 다섯 번 신에게 예배를 드리는 것이다. 전쟁 상황에서 예배를 드리는 장면이 비현실적으로 보이지만, 실제 쿠란에는 '전쟁 중이거나 적의 공격 위험에 처한 상황에도 예배를 해야 한다.'고 기록되어 현실을 잘 반영한 장면인 셈이다.

조금 더 알아보면, 모슬렘(이슬람교를 믿는 사람)은 이슬람교의 성지인 사우디아라비아의 메카를 향해 절을 한다. 모가디슈에서 메카는 북동쪽에 있기에 이 장면에서 메카의 방향을 짐작할 수 있다. 실제 이슬람권 국가에서는 메카를 향해 예배를 드리는 곳을 표시해 두는데 이를 '키블라(Qibla)'라고 한다.

　또한, 예배를 드리는 시간이 정해져 있다. 새벽 예배인 파즈르(fajr)는 해가 뜨기 직전 지평선의 희미한 빛줄기가 나올 때부터 태양이 뜨기 직전까지 드리는 예배이고, 정오 예배인 주흐르(dhuhr)는 태양이 하늘 정중앙에 있을 때부터 그림자의 길이가 실제 사물의 길이와 같아질 때까지 드린다. 오후 예배인 아스르(asr)는 주흐르가 끝나는 시간부터 태양이 사라질 때까지 드리고, 저녁 예배인 마그립(maghrib)은 태양이 지평선 아래로 내려가 보이지 않을 때 시작하여 노을이 사라질 때까지 한다. 마지막으로 밤 예배인 이샤(isha)는 노을이 완전히 사라질 때 시작하여 한밤중에 끝낸다. 예배 시간은 지역별로 차이가 조금씩 난다. 영화 속에서 이탈리아 대사관에 4시까지 가는 것이 목표인 것으로 보아 아스르 예배를 드리는 순간이라고 추측된다.

그들의 여행으로 드러난 차별로 얼룩진
미국의 민낯을 보다

그들에게 『그린 북(GREEN BOOK)』이 필요한 이유

"이곳이 아닌가? 이 책에는 자기 집처럼 아늑한 숙소라고 쓰여 있는
데, 여긴 너무 형편없군!"

　여행 가이드북인 『그린북』의 안내에 따라 찾아간 첫 번째 숙소에서
토니는 당황한다. 하지만 셜리 박사는 예상했던 것처럼 담담하게 숙
소를 받아들인다. 흑인인 셜리 박사는 왜 이렇게 형편없는 숙소를 이
용할 수밖에 없을까? 그 이야기를 따라가 보자.

　미국을 건설한 주류 세력을 'WASP(White, Anglo-Saxon, Protestant)'
라고 부른다. 즉, 백인, 앵글로색슨계, 개신교를 믿는 사람들이다. 이
들은 지금도 미국의 정치, 경제, 사회 전반에서 상류층으로 있다. 이
들에게 있어 유색 인종은 하등한 존재이고, 공존할 수 있는 인간이 아
니었다. 특히 아프리카 출신 흑인들은 17세기부터 미국으로 이주해
미국 사회의 큰 비중을 차지했지만 자유인의 권리를 보장받지 못한
채 노예로서 인간 이하의 삶을 살고 있었다.

　1861년 4월, 미국에서 남북 전쟁이 일어났다. 노예 제도를 찬성하
는 남부 주(州)들의 연합과 노예 제도를 반대하는 북부 주들의 연합
간에 내전이 일어난 것이다. 남부 연합이 독립을 요구하자 중앙 정부
는 남부에 군사적, 경제적 타격을 입히고자 링컨 대통령이 1863년 1월

1일에 노예 해방 선언문을 발표했다. 이 선언문은 법적 구속력이 없었지만, 이후 미국의 수정헌법에 지대한 영향을 끼친다.

1965년 수정헌법 제13조 1항에 '어떠한 노예 제도나 강제 노역도 해당자가 정식으로 기소되어 판결로 확정된 형벌이 아닌 이상, 미국과 그 사법권이 관할하는 영역 내에서는 존재할 수 없다.'고 명시해 노예 제도를 법적으로 폐지했다. 1868년에 흑인들의 시민권을 보장했고(수정헌법 제14조), 1870년에 투표권을 보장(수정헌법 제15조)하면서 흑인의 기본권이 법적으로 보장되었다. 하지만 이렇게 노예 제도가 폐지되었음에도 불구하고 미국 사회에서 흑인은 여전히 차별당했고, 지금까지도 진행형이다.

법적으로 자유인의 신분을 보장받았음에도 흑인들이 여행을 하는 것은 쉬운 일이 아니었다. 여전히 차별을 당했고, 이용할 수 있는 숙소나 시설이 제한되었다. 뉴욕의 우체국에 근무하던 빅토르 휴고 그린(Victor Hugo Green)은 흑인들이 여행지에서 곤란을 겪지 않도록 이들이 사용할 수 있는 서비스를 알려 줘야겠다고 생각했다. 그리고 흑인들의 여행을 돕는 가이드북을 만들었다. 이 가이드북이 바로 『그린 북(GREEN BOOK)』이다.

저자의 이름을 딴 이 책은 흑인들이 여행지에서 곤경에 처하지 않고 즐겁게 여행할 수 있게 하는 것이 목적이었다. 빅토르는 이 책이 더 이상 출판되지 않는 것은 우리가 원하는 곳 어디든지 당황하지 않고 갈 수 있게 되었음을 의미하므로 빨리 그날이 오기를 기대한다고 책 서문에 적었다. 『그린 북』은 1936년 뉴욕을 시작으로 만들어졌으며

빅터 휴고 그린 　　　　『그린북』1939년판

1966년 출판이 종료될 때까지, 흑인들의 여행 지침서가 되어 주었다.

영화는 1960년대『그린 북』을 들고 미국의 남부 지역에서 피아노 연주 투어를 하는 흑인과 이탈리아계 백인의 여정을 그려 낸다. 이 영화는 두 인물의 진한 우정을 보여 주는데, 사실 이 영화가 정말 보여 주고 싶은 것은『그린 북』이라는 책이 필요할 정도로 흑인들을 차별했던 당시 미국 사회다. 지금까지도 미국 사회에 뿌리 깊게 남아 있는 유색 인종에 대한 차별을 따끔하게 지적하고 싶은 것이다.

'이방인'이라는 공통점, 셜리와 토니

천재 뮤지션으로 불리던 흑인 셜리 박사와 그의 운전사인 이탈리아계 백인 토니는 미국의 남부 지방으로 두 달간 피아노 공연 투어를 떠난다. 투어 과정에서 흑인인 셜리 박사는 차별과 멸시를 받는다. 백인이지만 토니 역시 이탈리아계라는 이유로 무시당한다. 토니와 셜리는 앵글로색슨족의 영국계 미국인이 주류인 사회에서 이방인일 뿐이다.

영화 초반에 토니의 집에 주방 바닥을 수리하려고 온 흑인 수리공이 나온다. 이때 토니의 가족들은 그들을 검둥이, 석탄, 도둑이라며 비하한다. 심지어 토니는 그들이 마셨던 컵을 쓰레기통에 버린다. 이 장면에서 당시 미국 사회에서 흑인들이 어떤 대우를 받았는지 짐작할 수 있다. 백인들은 흑인들과 같은 공간에 있는 것을 꺼리고 그들을 열등한 존재로 여겼다.

하지만 흑인들을 무시하던 이탈리아계 이민자 토니 역시 미국 사회에서 주류가 아니다. 경제적으로 풍족하지 못했기 때문에 돈을 벌기 위해 무엇이든 해야만 한다. 토니는 밤에 유흥업소의 관리인으로 일하며 생계를 유지했다.

공교롭게도 유흥업소가 내부 공사로 두 달간 문을 닫자 토니는 새로운 일자리를 찾아야 했고, 그렇게 무시하던 흑인의 운전사로 면접을 보고 일을 하게 된다. 셜리가 "흑인 밑에서 일하는 것이 문제가 될 것이라고 생각하나요?"라고 묻자 토니는 "아뇨, 난 어제 우리 집에서 흑인들과 함께 음료를 마셨어요."라며 능청스럽게 대꾸한다. 흑인을 무시하면서도 돈을 위해서 흑인의 밑에서 일하는 토니의 모습은 이탈리아계 이민자들의 사회적 지위를 잘 나타낸다.

셜리와 토니는 미국의 주류 사회에 들어가지 못하는 이방인이다.

미국이라는 나라에서 이들이 왜 이러한 대우를 받는지 그 이유를 지금부터 알아보자.

값싼 노동력, 흑인이 미국 남부로 간 이유

1492년 콜럼버스가 아메리카 대륙에 처음 도착한 이후 유럽인이 아메리카 대륙으로 본격적으로 이주하기 시작했다. 포르투갈과 에스파냐를 중심으로 한 라틴족은 남아메리카에서 식민지를 넓혀 갔다. 영국을 중심으로 한 앵글로색슨족들은 북아메리카 지역을 점령했다. 이때부터 미국의 역사가 시작된다. 유색 인종 이민자들을 끊임없이 차별하는 미국 사회 백인들도 사실은 이 땅에 이주한 이민자였다. 미국은 이민자의 땅이다.

미국의 남부 지역은 온대 기후에서 아열대 기후가 나타난다. 북부의 냉대 기후에 비해 농업하기 좋은 기후 조건이라 남부 지역은 경제 활동이 주로 농업 중심이었다. 특히, 유럽에서 많이 찾던 담배를 재배하며 경제적으로 풍족한 삶을 살았다.

초창기 미국 남부 지역의 대농장에는 아메리카 원주민인 인디언들과 가난한 유럽 출신 이민자들이 계약 노동으로 일하고 있었다. 이들은 4~7년 정도 일하고 나서 일정한 토지를 받고 자유의 신분이 되도록 계약을 맺고 일했다. 처음에는 열악한 노동 환경에 적응하지 못해

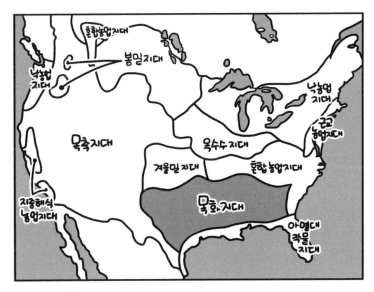

미국의 농업 지역

계약 기간을 다 채우지 못하고 죽는 일이 많았다.

하지만 환경에 적응하면서 계약 기간을 채우는 노동자들이 늘어났다. 농장주들은 계약에 따라 토지를 내주어야 했기에 이러한 부담을 피하고 싶었다. 그래서 농장주들은 토지를 내주지 않고 값싼 노동자들을 찾기 위해 아프리카계 흑인 노예를 고용하기 시작했다. 이것이 아프리카계 흑인들이 미국으로 이주하게 된 이유다.

1619년 흑인 19명이 네덜란드 상선을 타고 미국 버지니아주로 들어온 것이 기록상 최초의 흑인 노예라고 되어 있다. 하지만 이들은 실제 '계약 노동자'로서 들어왔다고 한다. 값싼 노동력을 찾는 이들이 늘면서 흑인들은 아프리카에서 짐짝처럼 실려서 아메리카 대륙으로 옮겨졌다. 18세기 후반에 만든 영국 노예선 브룩스호에 대한 기록에서 그 끔찍한 현장을 엿볼 수 있다.

기록에 따르면 남자는 182cm×42.6cm, 여자는 155cm×42.6cm의 공간에 짐짝처럼 흑인들을 배에 실었다고 한다. 지금 기성복 95사이즈의 어깨 넓이가 45cm인 것을 감안하면 당시 흑인들이 얼마나 열악하게 실려 왔는지 알 수 있다.

이렇게 아메리카 대륙에 도착한 흑인들은 건강 상태가 매우 나빴다. 하지만 노예로서 상품 가치를 높이기 위해 아메리카에 도착하고 짧게 호사를 누린다. 높은 가격을 받으려면 튼튼한 노예임을 보여야 했기에 음식을 먹이고, 용모도 단정하게 치장했다.

이처럼 17세기 중반부터 노예들은 본격적으로 거래되었다. 주로 미국 남부 지방의 농장에서 일했다. 특히 1793년 목화솜에서 씨앗을 분리해내는 조면기(繰綿機)가 개발되자 흑인 노예를 찾는 이들이 급격

노예 무역선에서 노예들이 이동하는 모습

히 늘었다.

　조면기가 발명되기 전에는 면직물을 뽑을 때, 일일이 목화솜에서 씨앗을 빼내야 했기 때문에 노동력이 너무 많이 들어 목화 농장의 수익성이 높지 않았다. 하지만 조면기가 개발되면서 기계가 1,000명이 하는 작업량을 해내자 노예가 목화를 따는 일만 해주면 많은 수익을 얻을 수 있게 된 것이다. 조면기가 나오기 전에 미국의 목화 생산량은 6만 킬로그램(kg)이었는데 1860년에는 8,260만 킬로그램(kg)으로 늘었다. 이 시기에 흑인 노예들도 6배 이상 늘어 400만 명이나 되었다.

　목화를 생산하기에 가장 좋은 기후 지역이 남부여서 이 지역이 흑인 노예를 많이 찾았다. 그곳에서 흑인들은 사람으로 대접받지 못하고 가축 취급을 받아야 했다. 때문에 이 지역에서는 흑인들에 대한 차별 의식이 강하게 남아 있다.

　영화에서 뉴욕에 사는 셜리가 미국 남부 지역으로 피아노 연주 투어를 가면서 차별과 부당한 대우를 받는데 이는 남부 지역에 흑인 노예 제도가 오랫동안 있었기 때문이다.

흑인 노예가 해방된 이유　

　영국은 1607년 버지니아를 시작으로 미국 동부 지역에 13개 식민지를 만들었다. 하지만 영국이 식민지에 과도한 세금을 요구하자 이에 반발해 1775년에 독립 전쟁이 시작된다. 1776년 미국이 독립을

영국의 13개 식민지   ©Connormah

선언하고, 1783년 영국이 미국의 독립을 인정하면서 13개의 식민지
는 독립하게 된다.

　새롭게 하나가 된 미국은 경제 성장을 이루고 영토를 넓히며 강대
국이 되어 가지만 아직 큰 과제가 남아 있었다. 바로 노예 제도였다.
값싼 노동력으로 대량의 농산물을 만드는 남부의 주들은 흑인 노예가
반드시 필요했다. 반면 공업화를 성공한 북부의 주들은 흑인 노예를
쓸 일이 많지 않았다.

　1861년에 북부 출신인 링컨이 대통령에 당선되면서 연방 정부는
남부 주의 노예를 해방해 남부 지역의 세력을 약하게 만든다. 그리고
이들을 북부 지역의 공업 노동력으로 쓰려고 했다. 그러자 1861년 남
부의 주들은 남부 연합을 결성하고 미합중국으로부터 독립을 요구하

며 남북 전쟁이 시작됐다.

많은 흑인 노예들도 전쟁에 참여해야 했다. 자신이 사는 남부 주의 편에 서야 했기에 아이러니하게도 노예 제도를 폐지하지 않기 위해 싸우는 꼴이 되었다. 그래서 많은 흑인 노예들은 남부군에서 탈출해 북군의 편에서 싸웠다. 결국 1865년 봄에 북군이 승리하며 전쟁은 끝이 났다.

깊이 들여다보기

미국의 성조기를 보면 독립의 역사가 보인다

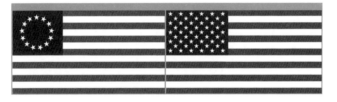

독립 당시 미국 국기   지금의 미국 국기

미국의 국기는 별(stars)과 줄무늬(stripes)로 되어 있다. 그래서 미국의 국기를 'Stars and Stripes'라고 부른다. 미국이 독립할 당시 국기는 별 13개와 줄 13개로 되어 있었다. 즉, 당시 주(州)의 수를 표현한 것이다. 주가 늘어나면서 별과 줄의 수도 늘어났다. 1795년 버몬트 주와 켄터키 주가 연방에 추가되면서 별과 줄의 수가 15개로 늘었다. 하지만 줄을 식별하기 어려워 그 이후부터는 줄의 수는 독립 당시인 13개로 고정하고, 현재 주의 수를 별의 개수로 나타냈다. 1960년 하와이 주가 추가되면서 현재 미국 국기는 줄 13개와 별 50개로 되어 있다.

전쟁 중이던 1863년 1월 1일 링컨이 노예 해방을 선언했는데, 사실 흑인 노예들의 인권을 존중해 선언했다기보다 전쟁에서 승리하기 위해 전략적으로 선택한 것이었다. 하지만 이로 인해 미국은 노예 제도가 사라졌고, 링컨은 노예를 해방한 인물로 역사에 남았다.

영화는 링컨이 노예 행방을 선언하고 100년 후가 배경이다. 미국 사회에서 법적으로는 노예 제도가 사라졌지만, 그들을 향한 차별과 멸시는 여전히 남은 시기였다. 노예 해방이 된 지 100년이나 지났음에도 셜리 박사를 향한 백인들의 상식 이하의 행동들을 보면 노예 제도가 있었을 과거에는 흑인들이 얼마나 힘겹게 살았을지 짐작할 수 있다.

백인들은 흑인을 향해 무의식적으로 차별과 멸시를 하고 흑인은 이를 당연하게 받아들인다. 우리는 어떨까? 우리는 피부색과 문화가 다른 사람들에게 무의식적으로 차별하고 있지는 않은지 한번 되돌아볼 필요가 있다.

소울 푸드, 흑인들이 프라이드치킨을 먹은 이유

영화에서 가장 인상 깊은 장면이 있다. 토니와 셜리가 남부 지역으로 이동하다가 프라이드치킨을 먹는 장면이다. 토니는 켄터키 프라이드치킨 가게를 보고, 마치 우리가 여행하다 우연히 맛집을 찾아낸 것처럼 흥분을 한다. 우리에게 익숙한 프라이드치킨은 미국 남부 지역을 대표하는 향토 음식이다. 프라이드치킨이 이 지역의 향토 음식이 된 사연을 들어 보면 왜 이 장면이 나왔는지 이해할 수 있다.

백인의 가정집에서 음식을 만들던 흑인 노예들은 닭의 다리와 가슴살로 백인들이 먹을 요리를 하고, 백인들이 먹지 않던 닭의 날개와 목은 자신들이 먹었다. 날개와 목에 있는 뼈까지 쉽게 먹기 위해 이들은 기름에 바싹 튀겨 먹었으며, 기름에 튀긴 고열량의 음식은 그들이 노동하는 에너지원이 되어 주었다. 이것이 바로 프라이드치킨의 시작이다. 프라이드치킨은 대표적인 소울 푸드(Soul Food)이다. 요즘은 소울 푸드의 의미가 넓어져 고향의 음식, 영혼의 음식 등 좋아하는 음식을 부르는 말로 쓰지만 원래는 미국 남부 지방에서 흑인들이 즐겨 먹던 향토 음식을 의미한다.

영화에서 토니는 운전하며 프라이드치킨을 맛있게 먹고 셜리에게 함께 먹을 것을 권한다. 하지만 셜리는 "한 번도 먹어 본 적 없다."고 하며 거절한다. 프라이드치킨은 흑인들이 가장 즐겨 먹는 음식이지만 셜리는 자신이 과거의 노예로 살았던 흑인과 다르다는 것을 보여 주기 위해서인지 지금껏 먹지 않았다. 그러나 결국 토니가 권해서 처음 프라이드치킨을 먹게 된다. 그리고 프라이드치킨의 진정한 맛을 알게 된다. 그런 의미에서 셜리가 자격지심을 떨쳐 버리는 것을 보여주는 장면이 아닌가 생각이 든다.

흑인들에게 프라이드치킨과 함께 소울 푸드로 불리는 음식이 또 있다. 영화에서 셜리가 프라이드치킨을 먹지 않겠다고 할 때 "당신들은 프라이드치킨과 그리츠를 좋아하잖아요."라고 토니가 묻는다. 옥수수를 이용해서 만든 그리츠(Grits)는 프라이드치킨과 함께 대표적인 소울 푸드다. 옥수수는 당시 가축 사료로 쓰였는

그리츠   ©Paulo O

데, 먹을 것이 부족했던 흑인 노예들이 옥수수를 으깨어 죽으로 만들어 먹었다. 지금은 미국 남부 지방의 대표적인 아침 식사 메뉴가 되었다. 만약 당신이 미국 남부 지역을 여행한다면 소울 푸드 맛집을 찾아보는 것도 의미 있는 여행이 될 것이다.

또 하나의 이민자 토니

셜리 박사의 운전사 겸 보디가드로 나오는 토니는 이탈리아계 이민자다. 영화의 초반과 마지막에 토니의 가족이 나온다. 할아버지와 삼촌들이 야구를 보며 큰소리로 떠들고, 함께 식사하는 장면을 보면 우리나라의 대가족이 떠오른다. 개인주의 성향이 강한 유럽에서 이탈리아는 가족을 중시하는 민족으로 알려져 있다.

또한, 이탈리아어를 계속해서 사용하고 영어 억양도 이탈리아인임

을 알아차릴 만큼 독특하다. 이처럼 이들은 언어와 문화에 대한 정체성이 강한 편이다. 다른 유럽 출신 이민자들은 2세대가 지나면 자연스럽게 미국식 영어를 구사하지만, 이탈리아 출신들은 4~5세대가 지나도 이탈리아어를 쓰는 사람들이 많다고 한다.

이탈리아계 미국인들이 미국 사회에서 흑인보다는 사회적 지위가 높긴 해도 이방인의 취급을 받은 것이 사실이다. 영화에서 비가 억수로 내리는 밤에 길을 잃은 이들을 경찰이 검문하는 장면이 나온다. 경찰에게 도움을 받을 수 있다고 생각했지만 오히려 경찰은 셜리를 보고 비아냥대며 범죄자 취급을 한다. 토니가 이탈리아인이라고 이야기하자 미국인 경찰이 "너도 반 검둥이네"라고 말해 급기야 토니가 주먹을 휘두른다.

이 장면은 이탈리아계 미국인의 사회적 지위를 잘 보여 준다. 초창기 미국으로 들어온 유럽인들은 대부분 영국인이었다. 그 후 독일과 네덜란드 등 북서 유럽에서 이주해 오면서 미국 백인 사회의 주축을 이루었다. 이탈리아계는 19세기 말에야 미국에 왔다. 게다가 이들은 다른 북서유럽 출신들과 달리 가톨릭교를 믿으며 친족을 우선시하고, 자신들의 정체성을 강조하는 문화다. 초창기 북서 유럽 출신 이민자들은 이들에게 가난한 나라에서 온데다 문화도 다르다는 이유로 텃세를 부렸다. 그래서 이탈리아계 이민자들은 건설 노동자, 농부 등 힘든 육체노동에 종사할 수밖에 없었다. 즉 이들은 흑인들보다는 덜하지만 이민자로서 차별받고 있었던 것이다.

미국의 남부 지역이 담배와 목화 등 플랜테이션 산업이 발달했다면, 미국의 북부(특히 북동부)는 공업이 발달했다. 북아메리카 지역 중 가장 먼저 영국인들이 정착한 뉴잉글랜드 지역을 중심으로 노동 집약적인 제조업이 발달하기 시작했다. 이탈리아인, 유대인, 그리고 동부 유럽 출신들이 제조업의 노동력이 되었다. 토니는 이렇게 정착한 이탈리아계 유민의 후손이다.

미국 북동부의 공업 지역은 토니처럼 남부 유럽과 동부 유럽 출신 이민자들이 노동자로 일했다면, 미국의 남부 지역은 셜리 박사와 같은 아프리카계 이민자들이 노동자로 일했다. 지금 미국의 지역별 인종 분포를 보면 과거 이민자 역사를 알 수 있다.

그곳은 원래
애버리지니들의 땅이었다

누가 이 땅의 주인인가?

1931년, 서부 오스트레일리아.

100년 동안 호주의 원주민들은 백인 이주민들에 대항하여 맞서 싸웠다. 하지만 지금은 '애버리지니 법'이라는 특별법이 만들어져 원주민의 삶을 하나하나 통제하고 있다. 원주민을 관리 감독하는 권한을 가진 사람은 어디서든 원주민과 백인 혼혈 아이들을 그들의 부모로부터 데려올 권리가 있었다.

영화가 시작될 때 이해를 돕는 설명글이 나온다. 이 글을 보면 애버리지니는 원주민이고 영국인은 이주민이다. 하지만 영국인들이 쳐들어와 오스트레일리아에 정착하면서 신식 무기와 전염병으로 원주민인 애버리지니(Aborigine)는 삶의 터전에서 쫓겨나거나 죽임당했다.

이 땅에 1788년 영국인이 처음 이주하기 전에는 최소 40,000년 동안 원주민이 살고 있었다. 영국인들이 들어와 자신의 영토로 삼으면서 식민 지역이 만들어졌다. 그 결과, 1901년 오스트레일리아는 6개의 식민 지역으로 구성된 연방 정부(Federation of the Colonies)가 만들어졌다. 이 연방 정부는 영국 의회 승인을 받아 영제국 자치령 오스트레일리아(Commonwealth of Australia)가 되었다. 이후 1986년 영국 의회 권력의 종결을 선언한 오스트레일리아 법(Australia Act)이 통과되고

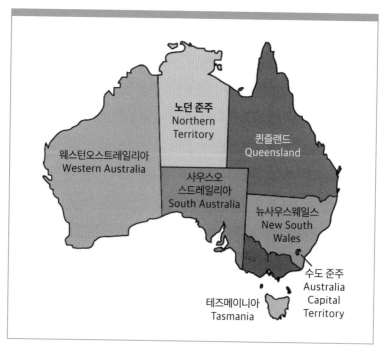

오스트레일리아 지도

나서야 오스트레일리아는 완전히 독립할 수 있었다.

처음 오스트레일리아에 정착한 영국인들은 원주민의 정당한 권리를 보장하지 않았다. 영국인들은 특별법을 만들어 애버리지니들의 삶을 통제했다. 특히, 백인 남성과 애버리지니 여성 사이에서 태어난 혼혈 아이들을 강제로 데려가 문명화 교육을 시킨다는 명분으로 인권을 탄압했다.

영화는 이런 배경에서 1931년 오스트레일리아의 웨스턴오스트레일리아(Western Australia) 주에서 실제로 일어난 일을 다루었다. 혼혈 원주민 아이들이 강제로 끌려간 보호소에서 탈출하여 엄마를 찾아가는 여정을 그린 것이다. 애버리지니가 살고 있던 평화로운 오스트레일리아에서 영국인들이 들어오고 나서 무슨 일이 일어났는지 영화 속으로 들어가 보자.

원주민들은 어떻게 오스트레일리아 대륙에 들어오게 되었을까?

주인공 몰리는 오스트레일리아의 원주민이다. 우리는 그들을 애버리지니(Aborigine)라고 부른다. 영화 속 애버리지니는 실제 오스트레일리아의 원주민이 연기했다. 그들의 생김새를 보면 아프리카계와 아시아계의 모습도 보인다. 이들은 언제, 어떻게 이곳으로 들어오게 되었을까?

동아프리카에서 시작한 현생 인류인 호모 사피엔스는 큰 환경 변화로 인해 몇 차례 먼 거리를 이동한다. 처음 아시아 지역으로 이동했고, 이후 유럽과 러시아 그리고 베링 해협을 넘어 아메리카 대륙으로 이동했다는 것이 정설이다.

오스트레일리아로 이주한 현생 인류들은 아프리카에서 유라시아대륙으로 이주한 후, 약 5만 년 전에 오스트레일리아로 왔다. 이들은 빙하기에 해수면이 낮아져 대륙붕이 육지로 드러났을 때 이동했다. 지도에서 나타난 것처럼 현재 인도차이나 반도 지역은 육지로 연결되었

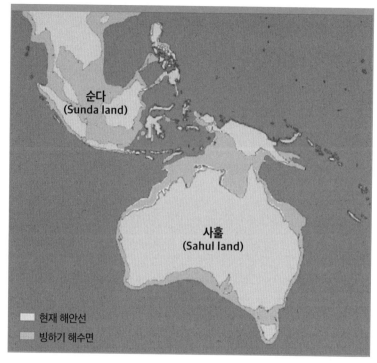

순다랜드와 사훌랜드   ©Maximilian Dörrbecker(Chumwa)

으며 이 지역을 순다랜드(Sunda land)라고 한다.

또한, 오스트레일리아와 파푸아뉴기니를 포함한 지역도 육지로 연
결되었는데 이 지역이 사훌랜드(Sahul land)이다. 순다랜드와 사훌랜
드 사이에는 많은 섬들이 있는데, 오스트레일리아로 이주한 원주민들
은 배를 타고 섬과 섬 사이를 이동했다.

연구자들은 이들이 여러 차례에 걸쳐 계획적으로 이동했을 거라고
추정한다. 새롭게 이주한 지역에서 생존하고, 자연스럽게 번식하려면
최소 1,000명 이상 되는 인구 집단이 있어야 하는데, 육지로 연결되

지 않은 오스트레일리아에 많은 인원이 들어가서 정착했다는 건 우연히 일어난 일이 아니다. 이들은 배를 타고 계획적으로 이주해 오스트레일리아에 정착한 것이다.

영국인들은 어떻게 오스트레일리아 대륙에 쳐들어오게 되었을까?

영화에서 애버리지니를 감독하는 책임자로 나오는 '네빌'은 영국인이다. 앞에서 설명한 원주민과 백인의 혼혈 아이들을 원주민 가정에서 격리시켜 데려올 수 있는 막강한 권력을 가진 인물이다. 네빌뿐만 아니라 백인들은 상류층으로 지낸다. 어떻게 영국인들은 지구 반대편인 오스트레일리아로 와서 상류층이 될 수 있었을까?

18세기 후반 세계에서 가장 먼저 산업 혁명이 시작된 영국의 도시에는 공장들이 만들어지며 많은 일자리가 생겨났다. 그로 인해 농촌에 살던 많은 사람들은 일자리를 찾으러 도시로 이주했다. 도시는 점점 과밀해졌고, 범죄는 늘어날 수밖에 없었다. 우리가 잘 아는 소설 『셜록 홈스』도 19세기 무렵 산업 혁명 이후에 늘어난 도시 범죄를 다루는데, 이것을 보면 당시 영국 도시에서 어떤 범죄가 나타났는지 알 수 있다.

영국은 범죄를 저지른 사람들을 국외로 추방하는 형벌이 있었다. 1776년 미국이 독립하기 전까지는 범죄자 대부분을 미국으로 보냈지만, 미국이 독립하자 더 이상 그럴 수 없었다. 처음에는 낡은 배를 감옥선(Hulk)으로 만들어 항구에 정박하고 죄수들을 수감했다.

그런데 죄수들이 계속 늘어나자, 추방된 죄수들을 수감할 장소가 필요했다. 이들은 지구 반대편에 있는 오스트레일리아 땅을 죄수들의 유배지로 선택했다. 그래서 1788년 죄수들과 그들을 관리할 인원 1500명이 오스트레일리아 땅을 밟게 된 것이다. 처음 오스트레일리이의 동부 지역에 수용되던 죄수들은 점차 서쪽으로 나누어 수용되있다. 영화 속 배경인 웨스턴오스트레일리아 주는 오스트레일리아의 서

영국의 감옥선 내부

부 지역에 있다.

형기를 끝마친 죄수들은 대부분 오스트레일리아에 정착했다. 죄수들이 정착하자 오스트레일리아의 인구는 크게 늘었다. 사실 오스트레일리아 전역은 이들이 건설했다고 할 수 있다. 일부 오스트레일리아인들은 이렇게 죄수들이 만든 오스트레일리아의 역사에 대해 부끄러워하기도 한다.

하지만 대부분의 오스트레일리아 사람들은 자신들의 조상이 영국인인 것을 자랑스러워한다. 죄수들을 태운 함대의 책임자 필립이 오스트레일리아 땅을 처음 밟은 날을 기념하기 위해 '오스트레일리아의 날(Australia day)'를 만들고 기념한다. 많은 사람들이 이날을 축하하며 즐기는 날로 여기지만 다르게 생각하는 사람들도 있다. 원주민에게 오스트레일리아의 날은 외부 침략이 시작된 날이기 때문이다.

1788년 1월 26일 영국인이 오스트레일리아에 들어오기 전에 약 75만 명의 원주민이 살고 있었다. 그런데 영국인들이 가지고 온 전염병과 그들이 행한 학살로 무려 90%의 원주민이 죽음을 당했다. 오스트레일리아의 날은 오스트레일리아 원주민들에게는 어느 날 갑자기 쳐들어온 이민자에게 삶의 터전을 잃고, 가족과 이웃이 죽임을 당하는 고통이 시작된 날이다. 최근 이러한 인식이 시민 단체와 진보 정당을 중심으로 퍼져 나가면서 오스트레일리아의 날을 바꾸려는 시도도 늘고 있다.

오스트레일리아 대륙을 횡단한 '토끼 울타리'

이 영화의 제목은 왜 토끼 울타리일까? 여기에는 두 가지 이유가 있는 것 같다.

첫 번째 이유는 토끼 울타리가 소녀들이 보호소에서 탈출해서 집으로 찾아가는 이정표 역할을 해주었기 때문이다. 그렇다면 토끼 울타리를 왜 설치했을까?

영국인들이 들어오기 전에 오스트레일리아에는 토끼가 살고 있지 않았다. 영국인이 들어온 후, 19세기 초 오스트레일리아에서 처음으로 토끼를 사육하기 시작했다. 토끼는 고기와 가죽을 얻을 수 있어 오스트레일리아로 이주해 온 이들에게 훌륭한 가축이었다. 특히 토끼 한 쌍이 1년 후에 800마리로 늘어나는 엄청난 번식력 때문에 새로운 식량 자원으로 각광을 받았다.

하지만 사육장을 벗어난 토끼들이 야생에서 번식하면서 풀들과 나무껍질을 먹어 치우기 시작했다. 야생 토끼들은 오스트레일리아의 생태계를 파괴했다. 20세기에 들어서면서 토끼의 개체 수는 5억 마리가 넘었으며 사냥과 독약, 천적을 풀어놓는 등 다양한 방법을 써서 토끼 개체 수를 줄이려고 애를 썼다.

토끼들이 민가와 농장에 큰 피해를 주자 토끼가 사람들이 살고 있는 곳으로 못 들어오게끔 울타리를 쳤다. 이 울타리는 대륙을 횡단해 설치됐는데, 몰리와 동생들이 이 토끼 울타리를 따라 2,400km를 걸

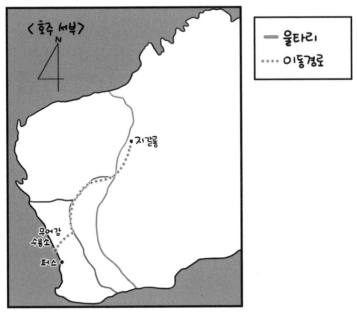

토끼 울타리의 실제 위치와 영화 속 주인공의 이동 경로

어 엄마를 찾아온 것이다. 영화의 원작은 실화를 바탕으로 쓴 소설책인데, 그 소설책의 제목은 『Follow the Rabbit-Proof Fence』이다.

두 번째 이유는 영화에서 나오는 오스트레일리아의 원주민과 토끼가 가지는 상징성 때문이다. 오스트레일리아로 이주한 백인들에게 원주민들은 토끼처럼 통제해야 하는 대상이었을 것이다. 토끼들을 통제하고자 울타리를 친 것처럼 원주민인 애버리지니를 통제하기 위해 '애버리지니 특별법(Aborigines Act)'을 만들었다. 그리고 이 법으로 인해 영화의 주인공과 같은 '잃어버린 세대(Stolen Generation)'가 생겨났다.

원주민을 백인으로 만들겠다는
야욕에서 탄생한 '잃어버린 세대'

주인공 소녀 몰리는 엄마, 할머니와 함께 원주민 거주지에서 살고 있었다. 몰리의 아빠는 오스트레일리아에서 토끼 울타리를 치던 백인이었다. 하지만 아빠는 그들을 버리고 떠났고, 몰리를 포함한 원주민 가족들은 백인들이 나눠 주는 음식을 배급받으면서 살고 있다.

어느 날 백인 경찰이 원주민 거주지로 들이닥쳐 몰리와 동생을 엄마에게서 떼어 내 보호소로 보내 버린다. 그 보호소는 백인 남성과 원주민 여성 사이에서 태어난 혼혈 아이들에게 문명화 교육을 시키는 곳이다. 몰리와 동생들은 백인의 아빠와 원주민의 엄마 사이에서 태어난 혼혈 아이들이었다.

영국인들은 왜 혼혈 아이들을 데려가서 교육을 시킨다고 했을까?

영화에서 애버리지니를 관리 감독하는 백인 남성 네빌이 원주민의 사진을 보여 주며 3대(三代)만 지나면 원주민은 백인이 될 수 있다고 설명하는 장면이 나온다. 원주민이 백인으로 될 수 있다는 유전 공학적 주장을 근거로, 원주민과 백인 사이에 태어난 혼혈 아이들을 원주민 가정에서 격리시키는 정책이 오스트레일리아에서 시행됐다.

1869년 오스트레일리아는 '빅토리아 원주민 보호법'을 제정해 원주민 가정에서 생활하는 혼혈 아이들을 구출해서 백인 사회에 동화시키려고 했다. 이 법으로 정부는 혼혈 아이들의 친권을 강제로 빼앗을 수 있었다.

1대   2대   3대

3대를 거쳐 원주민을 백인으로 만들다

　기록에 의하면 1900년대부터 약 1970년대까지 혼혈인 원주민 자녀들은 부모들과 강제로 분리됐다. 산부인과에서 태어나는 아이들은 의사들이 혼혈 여부를 파악해 태어나자마자 분리됐다. 부모와 함께 자란 혼혈 아이들도 수용소로 격리시켜 강제로 원주민의 문화와 언어를 쓰지 못하게 했으며, 영어만 사용하고, 이름 대신 번호로 불리며 비인간적인 생활을 해야만 했다. 10~30%의 원주민 아이들이 정부 시설이나 농장, 혹은 백인의 가정집에 위탁되어 백인 문화를 주입받았다.

　하지만 혼혈 아이들을 백인 사회에 동화시키겠다는 정부 시설들은 아이들을 제대로 가르치지 않았다. 아이들을 학대하거나 일을 시키기 위해 최소한으로만 가르쳤을 뿐이다. 이 정책의 가장 큰 목적은 원주민의 문화를 말살하고 부족한 노동력을 메우는 것이었다. 궁극적으로 백인의 오스트레일리아를 만들려는 큰 그림에서 나온 정책이었다.

오스트레일리아 정부의 불법적인 정책에 대해 많은 지식인들이 문제를 제기했다. 오스트레일리아 국립대학 피터 리드 교수는 '잃어버린 세대'라는 용어를 처음 사용하면서 이 문제를 대중에게 알렸다.

1997년에 정부는 원주민에게 호주 정부가 저지른 차별적인 정책들을 담은 「그들을 집으로 돌려보내기 보고서(Bring Them Home report)」를 발표했고, 2007년 정부는 오스트레일리아 원주민들에게 가했던 차별에 대해 공식석으로 사과했다.

하지만 오스트레일리아의 보수주의자들은 '잃어버린 세대'는 존재하지 않는다고 주장한다. 그들은 문명 교육을 받지 못하고 비위생적인 환경에서 자라는 혼혈 아이들에게 오스트레일리아 정부가 교육과 복지 혜택을 주었으니 그 정책이 옳았다고 주장한다. 이러한 주장은 일제 강점기 시절에 일본이 우리나라에게 철도를 건설해 주고, 의학을 보급해 주는 등 많은 혜택을 주었으니 일본에게 고마워해야 한다는 터무니없는 주장과 일맥상통하는 이야기다.

잃어버린 세대들은 지금도 과거의 트라우마에서 벗어나지 못하고 있다. 이들은 제대로 된 교육과 보호를 받지 못하면서 범죄에 노출되는 경우가 많았다. 실제 오스트레일리아에서 원주민이 차지하는 비율은 3% 정도이지만, 교도소에 수감된 원주민의 비율을 보면 25%를 웃돈다. 또한 이들은 다른 인종보다 평균 수명과 수입은 낮지만, 실업률과 질병 발생률은 현저하게 높다. 애버리지니와 백인이 평화롭게 공존하려면 과거의 역사적 잘못에 대해 반성하고 사죄하며, 그들에게 충분한 위로를 해야만 할 것이다.

골드러시와 백호주의

죄수들의 땅이었던 오스트레일리아에 1850년대 금광이 발견되면서 골
드러시가 시작되었다. 많은 영국인들이 금을 찾아 오스트레일리아로 들
어왔다. 금광이 발견되기 전에 오스트레일리아의 인구가 약 40만 명이
었는데, 1877년에 5배가 넘는 200만 명을 넘어섰다.

골드러시로 인한 이주는 영국인뿐만 아니라 중국인들도 있었다. 이들은
오스트레일리아와 가까운 곳에 있고, 값싼 노동력이 되어 주었기에 금광
및 토목공사에 투입되었다. 그런데, 중국인들은 오스트레일리아 사회에
동화되지 않고 자기만의 커뮤니티를 만들어 생활했다. 중국인들은 벌어
들인 돈을 모두 본국으로 보내고, 자치권을 행사하려고 했다.

오스트레일리아인들의 입장에서는 중국인들이 경제적 이익만을 챙겨가
는 유색인이라는 선입견이 생겼고, 이것이 이후 오스트레일리아가 백인
을 우선하고 유색 인종을 차별하는 '백호주의 정책'이 만들어진 이유라
고 설명하는 사람들도 있다.

Chapter 02

지리로 보는 도시와 인구 이야기

화려한 대도시에 사는
소외된 이들의 보금자리

거대한 도시에서
이민자로 살아가기

"니나, 너를 의심하는 사람들이 있어도 신경 쓰지 마. 상처를 입을 수
도 있지만 끝까지 버티렴."
_영화 속 로사리오의 대사

〈인 더 하이츠〉는 미국 뉴욕의 워싱턴하이츠에서 살아가는 사람들
의 이야기를 그린 영화다. 동명의 뮤지컬을 옮긴 영화답게 스토리의
많은 부분이 노래로 전달된다. 영화에서 가장 처음 등장하는 노래이
자 뮤지컬의 첫 번째 넘버인 'In the heights'는 워싱턴하이츠에서 사
는 사람들이 누구인지 온전히 말해 준다.

"부모는 가진 것 없이 왔고,
우리는 일하고 살기 위해 왔지.
우리는 공통점이 많아."

영화의 장소인 워싱턴하이츠는 신기하게도 워싱턴이 아닌 뉴욕
에 있다. 과거 미국 독립 전쟁 때 워싱턴 요새가 있던 곳으로 영국군
의 진입을 막기 위해 맨해튼에서 가장 고도가 높은 이곳에 요새를 설
치한 것이다. '워싱턴'이란 지명은 미국의 초대 대통령 조지 워싱턴의

워싱턴하이츠는 미국 동부에 있는 뉴욕시 맨해튼의 북쪽 끝에 위치한 곳이다

이름에서 따왔다.

영화는 허드슨 강 건너편인 뉴저지에서 맨해튼의 워싱턴하이츠로 연결되는 다리를 비춰 주면서 시작되는데, 이 다리의 이름도 워싱턴 대통령의 이름을 딴 '조지 워싱턴 다리'다. 원래 이름은 허드슨 강 다리였으나 초대 대통령 이름을 따서 현재의 이름으로 바뀌었다. 조지 워싱턴 다리는 미국에서 차량 통행량이 가장 많은 다리 중 하나로 유명하다. 통행로는 상하 두 층으로 되어 있다. 상층 왕복 8차선, 하층 왕복 6차선이고, 양쪽에 자전거 도로와 보행자 도로가 있다. 다리의 양 옆 지역인 맨해튼과 뉴저지 주는 생활권이 같아 출퇴근 등 차량이

매우 많이 통행한다.

다양한 민족이 거주하는 뉴욕에서 워싱턴하이츠에는 중남미 출신인 라틴 계열 민족들이 많이 산다. 특히 도미니카공화국과 미국 자치령인 푸에르토리코 출신의 비율이 높다. 원작 뮤지컬의 창작자이자 영화에 카메오로 등장하기도 하는 린 마누엘 미란다도 실제 워싱턴하이츠에서 살았던 푸에르토리코 이민 2세대라고 한다. 〈인 더 하이츠〉는 이런 현실을 배경으로 라틴 계열 민족 출신 이민자들이 대도시 뉴욕에서 살아가는 이야기를 펼쳐 낸다.

영화의 주인공인 우스나비는 도미니카공화국 출신이다. 우스나비의 부모는 미국에 왔을 때 항구의 해군 함선에 적힌 'U.S.navy'를 보고 우스나비의 이름을 지었다. 우스나비는 워싱턴하이츠에서 작은 편의점을 운영한다. 마을 사람들은 이곳에서 커피도 사고, 복권도 산다. 우스나비는 언젠가 도미니카공화국으로 돌아갈 꿈을 꾸고 있다.

우스나비와 함께 사는 클라우디아 할머니는 쿠바 출신이다. 우스나비의 친할머니는 아니지만 우스나비를 키워 주었다. 과거 클라우디아의 어머니는 쿠바에서 어린 클라우디아를 데리고 뉴욕으로 건너와 손이 부르트도록 험한 식당일을 했다. 클라우디아 역시 청소부 일을 하며 힘들게 살아왔다.

우스나비의 친구 니나의 아버지인 케빈 로사리오는 푸에르토리코 출신이다. 그는 '로사리오'라는 택시 회사를 운영한다. 아내와 함께 미국으로 와서 택시 두 대로 사업을 시작해 지금에 이르렀다. 명문대에 진학한 딸의 학비를 대고자 회사 사무실을 반으로 줄였다.

영화의 주요 인물인 세 사람 모두 뉴욕에 사는 히스패닉이라는 공통점이 있다. '히스패닉'이란 에스파냐어를 사용하는 중남미 출신 미국 이주민을 말하며, '라티노'라고도 부른다.

세 사람의 또 다른 공통점은 이들의 직업이 모두 수준 높은 지식과 기술이 필요한 고소득 전문 직종이 아니라는 점이다. 이들뿐만이 아니다. 우스나비가 짝사랑하는 친구 바네사는 미용실의 네일 아티스트이고 워싱턴하이츠의 내나수 주민들은 주방 보조, 용접, 재봉, 청소, 경비 업무가 직업이다. 대부분 육체 노동이거나 비교적 쉽게 진입할 수 있는 분야다. 실제로 미국에서 이민자들의 종사 비율이 높은 직종은 택시 운전사 및 기사, 가정부, 건설 근로자, 간병인, 요리사, 관리인 및 건물 청소인 등으로 영화 속 인물들과 다르지 않다.

이처럼 많은 이민자들은 주로 임금이 낮은 일을 한다. 그러나 이들이 사는 뉴욕, 특히 영화의 배경인 워싱턴하이츠가 있는 맨해튼은 세계적인 기업들의 본사와 세계 최대 증권 시장, 국제 연합(UN) 본부가 있는 그야말로 세계 정치, 경제의 중심지다. 뉴욕에 있는 브로드웨이는 문화의 중심이기도 하다. 그렇다면 영화 속에서도 이러한 업종에 종사하는 사람이 한두 명쯤은 등장할 법하다. 그런데 왜 영화의 주인공들은 모두 저임금 직업을 가진 걸로 나올까?

많은 이민자들은 일자리를 구하기 위해 선진국, 그중에서도 뉴욕과 같은 대도시로 향한다. 이민자들의 본국은 일자리를 구하기 쉽지 않은 개발도상국인 경우가 많기 때문이다. 이들 중에는 자기 나라에서 대학교 이상의 고등 교육을 받고 전문 직종에서 일할 능력이 있는 이들도 있지만, 그렇지 않은 경우가 더 많다. 여기에 모국어가 영어가 아닌 경우 미국 사회에서 자유자재로 의사소통하기도 쉽지 않을 것이다. 이런 점 때문에 히스패닉을 비롯해 많은 이민자들은 높은 수준의 지식과 기술, 언어 능력이 필요한 전문 직종에 진출하는 데 어려움을 겪는다.

한편 뉴욕과 같이 세계적으로 영향력이 큰 도시는 정치, 경제, 사회, 문화 각 분야에서 기획 및 의사 결정, 연구 기능과 같은 전문적 기능들이 매우 집중되어 있다. 이러한 업종에서 일하는 사람들은 자신의 전문 분야에 더욱 집중하고자 일의 원활한 진행을 도울 직원을 따로 고용한다. 대부분 단순 사무직, 청소 등 고도의 전문적 지식이 필요하지 않은 비숙련 업종들이다. 그래서 대도시에는 전문직만큼이나 비전문직 분야의 일자리도 많이 생기는 것이다. 이러한 이유들 때문에 이민자들이 대도시로 많이 몰려들고, 영화 속 주인공들도 워싱턴하이츠에 와서 공동체를 이루게 되었을 것이다.

그렇다면 워싱턴하이츠가 있는 뉴욕에는 어떤 민족들이 살고 있을까? 뉴욕은 여러 민족들이 함께 사는 샐러드볼 같은 도시다. 가까이에서는 중앙아메리카와 남아메리카부터 멀게는 아시아까지 다양한 국적과 민족의 사람들이 거주한다.

뉴욕의 이민자들 중 가장 많은 비율을 차지하는 것은 미국과 지리적으로 가까운 중남미 출신인 히스패닉이다. 2020년 통계를 기준으로 뉴욕의 히스패닉 인구는 28% 정도로 백인과 인구 규모가 비슷하다. 이들은 주로 맨해튼 북부와 브롱스에 살고 출신 국가별로 모여 사는 경향을 보인다.

흑인은 백인과 히스패닉에 이어 뉴욕에서 세 번째로 많다. 뉴욕 인구의 20% 정도다. 경제적 지위가 낮은 사람이 많았던 흑인은 과거 땅값이 저렴했던 할렘에 많이 살고 있다. 브루클린과 퀸스 외곽에도 많이 거주한다. 이외에 아시안이 15% 정도로 늘고 있다. 백인은 주로 맨해튼의 미드타운, 다운타운과 브루클린 외곽 및 부유층 저택이 많은 스태튼아일랜드에서 산다.

깊이 들여다보기

니나를 모르는 사람이 없다!

영화 속에서 니나는 학기를 마치고 워싱턴하이츠로 돌아온다. 워싱턴하이츠의 모든 사람들은 니나를 보고 반가워한다. 니나가 다니엘라의 미용실에 들어서자 거기 있던 수많은 손님들이 니나를 열정적으로 반겨 준다. 옆집에 사는 사람이 누구인지도 모를 만큼 개인적인 삶이 도시인의 특징 중 하나인데, 이들은 서로 다 아는 사이다. 왜일까?

이는 이주민 커뮤니티의 특성 때문일 것이다. 어떤 나라로 이민을 갈 때 일반적으로 이미 그곳에 있는 사람들의 커뮤니티에 간다. 이렇게 하면 새로운 환경에 적응하기도 쉽고 여러모로 도움을 받을 수 있기 때문이다. 이민 1세대에서 그 이후 세대에 이르기까지 동질감을 느껴 새롭게 오는 사람들을 환영한다. 그래서 이주민들은 보통 모여 사는 경우가 많다. 차이나타운, 코리아타운 등도 그러한 경우다.

젠트리피케이션,
그 잘나가던 가게들은 왜 자꾸 이사를 가는 걸까?

다니엘라 미용실은 워싱턴하이츠 제일의 미용실로, 한자리에서 수십 년간 사랑받았다. 미용실의 주인인 다니엘라는 푸에르토리코 출신이며 히스패닉인 칼라, 쿠카와 함께 미용실을 운영한다. 우스나비의 친구인 바네사는 다니엘라 미용실의 네일 아티스트다.

늘 사람이 북적이는 이 미용실은 곧 브롱스로 이사를 가야 한다. 브롱스는 뉴욕시의 5개 자치구 중 가장 북쪽에 있는 곳으로 맨해튼 섬에서 다리를 건너야 갈 수 있다. 지금도 장사가 잘되는 미용실인데 왜 다리를 하나 건너야만 갈 수 있는 브롱스까지 이사를 가는 것일까? 대대적인 확장 이전일까? 브롱스에 신도시라도 들어와서 가는 걸까?

답은 워싱턴하이츠의 높아진 임대료에 있었다. 영화에서는 "동네가 사라지고 있다."고 말한다. 높은 임대료에 이웃들이 하나둘 떠나고 있기 때문이다. 브롱스가 너무 멀어서 가지 못하겠다는 손님의 말에 다니엘라는 이 동네의 임대료가 '미쳐서' 단골들도 다들 이사를 갔다고 말한다. 대화에서 나타나듯 미용실도 결국 높은 임대료를 내지 못해서 더 저렴한 브롱스로 이사를 가는 것이다. 언론에서 많이 나온 '젠트리피케이션(Gentrification)' 현상이 영화에서도 나타나고 있다.

사전을 찾아보면 젠트리피케이션은 '낙후된 구도심 지역이 활성화되어 중산층 이상의 계층이 들어옴으로써 기존의 저소득층 원주민을 대체하는 현상'이다. 여러 원인으로 주거 환경이 나빠지면 땅값이 저렴해지고 저소득층들이 많이 살게 된다. 그러다가 낙후된 지역의 부동산이 개발되는 등 재활성화되면 땅값이 올라가고 중산층들이 들어온다. 그러면 자연스럽게 임대료가 오르고 원래 살던 저소득층 주민은 높아진 임대료를 감당할 수 없어 더 싼 지역으로 이사하게 되는 것이다. 이것이 도시에서 일어나는 젠트리피케이션의 과정이다.

미국 젠트리피케이션의 대표적인 사례가 뉴욕의 소호(SOHO) 지역이다. 소호는 맨해튼의 휴스턴가(街)와 커널가 사이에 있는 지역으로 '휴스턴가의 남쪽(South of Houston)'을 약칭한 말이다. 지금은 뉴욕 패션의 메카로 불리며 많은 여행객들이 즐겨 찾는 장소지만, 과거에는 공장과 창고가 많았던 공장 지대였다. 그러나 1930년대 대공황 이후 소호 지역은 공장들의 도산, 폐업으로 황폐해졌고 방치된 공장이 많아졌다.

소호에 다시 사람들이 모여든 것은 1960년대 즈음이다. 예술가들이 싼 임대료를 찾아 소호 지역으로 모여들었고, 빈 공장과 창고를 작업실과 화랑 등으로 사용하면서 예술가들의 거리로 유명해졌다. 그러자 음식점, 서점 등 다양한 가게가 생겨나면서 소호는 과거의 낡은 곳에서 성공적으로 탈바꿈했다.

이후 많은 사람들이 소호 지역으로 몰려들자 부동산 가치가 오르며 임대료가 높아졌다. 1980년대 즈음에는 높아진 임대료를 견디지 못하고 예술가들과 자영업자가 떠나기 시작했다. 그 후 거대 자본이 소호에 밀려들면서 명품 패션 브랜드를 비롯한 패션 업체들로 채워졌다. 지금의 소호는 예술가 거리의 흔적을 찾아보기 어렵다.

한편 소호의 예술가들이 옮겨간 첼시, 브루클린에서도 젠트리피케이션이 나타났다. 2000년대 이후에는 워싱턴하이츠를 비롯해 워싱턴하이츠 남쪽에 있는 해밀턴하이츠, 어퍼 이스트 사이드 등 과거 저소득층 거주 지역이었던 곳까지 젠트리피케이션으로 부동산 가격이 상당히 올랐다. 그 결과 다양한 인종의 중산층이 이주해 왔고 현재 워싱턴하이츠에는 라틴계 외에도 아시안계, 혼혈 등 다양한 인종이 살고 있다. 2010년에 비해 2020년에 히스패닉은 줄어들고 상대적으로 백인과 기타 인종이 늘었다. 이처럼 젠트리피케이션은 현실의 워싱턴하이츠에서도 진행형이다.

우리나라에도 젠트리피케이션 현상이 나타날까? 정답은 '그렇다'이다. 서울을 비롯해 부산, 인천 등 주요 대도시에서 젠트리피케이션 현상이 나타나고 있다. 젠트리피케이션은 우리말로 '둥지 내몰림'이라고 한다. 원래의 거주민이 살던 곳에서 쫓겨나는 현상을 적절히 표현한 느낌이다.

서울 마포구의 홍익대학교 주변 상권인 홍대 앞 지역은 젠트리피케이션 현상이 나타난 대표적인 곳이다. 1990년대 젊은 예술가들이 모여들면서 '홍대 앞'이라는 독특하고도 활기 넘치는 거리를 만들었다. 많은 사람들이 이곳을 찾자 자연스레 임대료가 올라갔다. 그러자 높은 임대료를 감당하기 힘든 예술가들이 이곳을 빠져나갔고, 프랜차이즈 상점들이 들어왔다. 홍대 앞에서 빠져나간 사람들은 근처 상수동 골목으로 옮겼는데, 이곳도 얼마 지나지 않아 임대료가 올랐다.

이외에도 서울의 서촌, 북촌, 신사동 가로수길, 이태원 인근 경리단

길과 부산의 전포 카페거리, 인천의 신포동, 대구의 김광석길 등 여러 곳에서 젠트리피케이션으로 고민하고 있다. 한 가지 희망적인 사실은 최근 지자체별로 젠트리피케이션 방지 조례 제정을 추진하는 등 원거 주민들을 보호하려는 움직임이 나타나고 있다는 것이다.

대물림되는 가난, 청소년 이민자들의 막막한 삶

로사리오 택시 회사 사장인 케빈의 딸, 니나는 명문대인 스탠포드 대학교에 다니며, 마을의 자랑이다. 하지만 니나는 학교에서 히스패닉이라는 이유로 차별을 경험하고 좌절하는 마음으로 워싱턴하이츠에 돌아왔다.

반면 바네사는 워싱턴하이츠를 벗어나고 싶어한다. 맨해튼의 다운타운에 집을 구하려고 돈을 마련해 부동산 중개업자를 만나지만, 바네사의 신용 점수가 부족해 임대해 줄 수 없다고 한다. 만일 부모님의 소득이 월세의 40배 이상이면 보증으로 임대가 가능하다는 중개업자의 말에 그녀는 씁쓸함을 감추며 발걸음을 돌린다.

많은 인종과 민족이 함께 사는 미국 사회에서도 유색 인종에 대한 차별이 있다. 니나가 다니는 스탠포드 대학교는 미국 서부의 캘리포니아 주에 있다. 2020년 캘리포니아 주의 히스패닉 인구 비율은 39% 정도로 백인보다 약간 더 많다. 이곳은 10년 전인 2010년에도 백인과 히스패닉의 인구 규모가 비슷했다. 워싱턴하이츠가 속한 맨해튼은 백인 비율이 전체 인구의 절반도 안 되며, 뉴욕시로 범위를 넓히면 백인의 비율은 30% 정도로 낮아진다. 이처럼 유색 인종은 지역에 따라 다수를 차지하기도 하지만 여전히 사회적 소수자 취급을 받고 있는 것이다.

한편 우스나비는 도미니카공화국으로 돌아가려고 하면서 자신의 편의점에서 아르바이트를 하는 친척 동생 소니를 함께 데려가고자 소니의 부모님에게 허락을 받으러 간다. 소니의 아버지는 우스나비에게 대뜸 소니가 월급을 어떻게 받는지 묻는다. 우스나비는 현금으로 받는다고 대답한다. 그러자 소니의 아버지는 "왜 그런지 생각해 봤냐?"고 우스나비에게 되묻는다. 그 이유는 소니가 불법 이민자이기 때문이다.

미국에서는 아르바이트생에게 주로 수표에 급여를 적어 발행해 준다. 아르바이트생은 은행에서 수표를 환전해 돈을 얻는다. 그러나 불법 이민자는 신분증이 없기 때문에 은행에서 통장을 만들 수도 없고 수표를 환전할 수도 없다. 그래서 소니는 현금으로 급여를 받았던 것이다.

사실 소니는 자신의 처지를 잘 알고 있다. 소니는 니나와 함께 불법 이민자 청소년 집회에 참석해 불법 체류 청년 추방 유예(DACA)에 대한 연설에 크게 호응한다. 그러나 대학을 가도 장학금과 정부 지원을 받을 수 없어 진학의 꿈을 꾸지 못했다는 연설자의 이야기를 듣고 이내 침울해진다.

2019년 DACA 수혜자가 많은 20개 도시 　　출처: Pew Research Center (퓨 리서치 센터)

소니와 같은 청소년 불법 이민자들은 대부분 부모와 같은 성인과 함께 들어온 경우다. 미국에는 아동기에 불법적으로 미국에 온 이민자들의 추방을 유예하는 제도가 있다. 제도 이름인 Deferred Action for Childhood Arrivals의 머리글자를 모아 DACA라고 부르고, 제도의 기준에 맞는 사람들은 DACA를 신청해 추방 유예와 취업 등 수혜를 받을 수 있다. DACA 수혜자들은 '드리머(Dreamers)'라고도 불리는데, 불법 체류 청년 구제 법안인 'DREAM Act(The Development, Relief and Education for Alien Minors Act)'에서 명칭이 유래되었다. 이들은 대부분 멕시코, 엘살바도르, 과테말라, 온두라스 등 중앙아메리카 출신이 많다. 이들은 주로 캘리포니아, 텍사스 등 멕시코와 국경을 맞대는 미국 서부 지역, 카리브 해에 맞닿은 국가들과 가까운 플로리다, 대도시여서 고용 기회가 많은 뉴욕 등에 살고 있다.

최근 미국-멕시코 사이의 국경 장벽을 세우는 작업이 중단되고 DACA 제도가 유지되는 등 미국 사회에서 이민자들을 수용하려는 움직임이 일고 있다. 그러자 미국 국경을 넘는 이민자가 사상 최대치에 달했고 부모 없이 혼자 국경을 넘는 미성년자도 늘었다.

그렇게 들어와 DACA의 수혜를 받으며 의무 교육인 고등학교 과정까지 우수한 성적으로 마친다 해도 이들이 미국 내에서 신분 상승의 기회를 갖기는 쉽지 않다. 부모가 함께 왔더라도 비전문직 일을 해서 버는 돈으로는 명문대의 학비를 대기 힘들고, 불법 이민자이므로 장학금이나 연방 정부의 학비 보조 등을 못 받기 때문이다.

결국 저소득층이라는 경제적 지위가 되풀이되기 쉽다. 실제 통계 자료에 의하면 미국 내 히스패닉 불법 이민자들은 학력 수준이 백인이나 다른 인종에 비해 낮은 편이다. 특히 멕시코 출신과 중앙아메리카 북부 삼각 지대로 불리는 엘살바도르, 과테말라, 온두라스 출신은 고등학교를 마치지 않은 성인이 매우 많은 반면 대학교 학위를 취득한 비율은 소수에 그쳤다. 영어 구사 능력도 낮아 고소득 전문 직종을 얻기보다는 빈곤하게 살 가능성이 높았다. 소니가 살고 있는 뉴욕, 니나의 학교가 있는 캘리포니아는 이런 이민자들이 전통적으로 많이 몰리는 곳으로 미국 내 히스패닉의 넉넉지 못한 삶이 대물림될 가능성이 높을 것이다.

대를 이어 살아가는 대도시의 이주민, 그들의 미래는?

니나는 불법 이주민 집회에 참석한 후 새로운 꿈을 품는다. 니나는 아버지 케빈에게 불법 이주자 청소년을 위해 일하고 싶다며 대학교를 졸업하겠다고 말한다. 우스나비는 도미니카공화국으로 떠나기 직전, 할머니 클라우디아가 남긴 복권을 발견하고 소니의 영주권 획득에 돈을 써달라고 변호사에게 부탁한다. 발걸음을 돌리던 길에 바네사를 만나 서로의 마음을 확인한 우스나비는 결국 워싱턴하이츠에 남기로 한다. 우스나비와 친구들이 어린 시절 더운 여름날 터뜨렸던 소화전, 그리고 사이렌 소리와 늘 걸어 내려오던 비상계단을 해변과 바람, 야자수 나무 삼아 말이다.

영화의 초반부에 등장해 우스나비의 이야기를 듣고 있던 아이들은 워싱턴하이츠의 아이들, 그리고 우스나비와 바네사의 딸이었다. 아이들이 거리로 뛰어나가고 소화전이 물을 뿜는 사거리엔 워싱턴하이츠의 사람들이 모여 있다. 우스나비는 아버지가 썼던 모자를 딸에게 씌워 주며 영화가 끝난다.

뉴욕은 누구나 인정하는 세계 정치, 경제, 문화의 중심지다. 그만큼 일자리도 풍부해 경제적 기회를 찾아 국경을 건너오는 사람들이 많다. 이들은 이민 1세대를 지나 2세대, 3세대로 이어지면서 자신들의 민족적 정체성이 있는 보금자리를 만들었다. 그러나 서서히 다가오는 젠트리피케이션으로 보금자리에서 밀려나는 상황이다. 도미니카공화국, 푸에르토리코 등의 주민이 주로 살던 워싱턴하이츠도 최근에는 백인과 아시안 거주자가 늘어났다고 한다. 그렇지만 영화에서처럼 워싱턴하이츠를 지키겠다는 우스나비와 소니 같은 사람들이 있는 한 그 물리적 공간이 어디든 그들의 삶이 녹아 있는 '워싱턴하이츠'는 유지될 것이다.

아무도 태어나지 않는 도시가
그려 내는 디스토피아

무(無) 출산과 자살약 광고가
일상이 되는 미래

> 테오   정부에 알려요. 키는 임신했잖소.
> 피쉬 당원 정부가 그러겠네요. "이민자도 인간이었지."
> _영화 속 테오와 피쉬 당원의 대화

〈칠드런 오브 맨〉은 1993년 출간된 동명의 SF소설을 바탕으로 만들어진 영화다. 2027년 영국이 배경인 이 영화는, 18년간 세계에서 아이가 단 한 명도 태어나지 않은 세상을 가정한다. 그런 상황에서 기적과 같이 임신한 불법 이민자 '키'와 아기를 영국인 '테오'가 인도적 단체인 '휴먼 프로젝트'에 데려다주는 과정을 그린다. 그들의 여정은 녹록지 않다. 영화 내내 아이를 지키려는 험난한 과정에서 여러 사람이 죽거나 다친다. 키를 도와 달라고 요청한 테오의 전 부인이자 피쉬당의 리더인 '줄리언', 조산사 출신으로 키를 돕는 '미리엄', 그 외에 여러 사람들이 키와 아이를 돕거나 위협한다.

2027년 11월. 세계에서 가장 나이가 어린 사람 디에고가 죽었다. 그는 정확히 18년 4개월 20일 16시간 8분을 살았고, 사인을 해달라는 팬의 요청에 침을 뱉어 칼에 찔려 사망했다. 뉴스가 나오던 시각에 시내 카페가 폭발해 여러 명이 죽고 다쳤음에도 시민들은 어린 디에고의 죽음만 슬퍼했다. 길거리 추모 현장에는 18세 청소년인 디에고에게 'baby diego'라고 쓴 편지가 있었다. 디에고는 출산율이 0인 시대를 살아가는 사람들에게 소중한 '아기'였던 것이다.

18년째 세계에서 아이가 단 한 명도 태어나지 않고 있다는 설정이 이 영화의 시작이다. 영화 속 거리에는 '불임 검사를 거부하는 것은 범죄'라는 표어가 어디에나 나타난다. 새로운 아기의 탄생은 국가의 주요 관심사다. 인류가 더 이상 생겨나지 않는다면 사람들은 늙어가는 이웃들이 하나둘씩 숙어 가며 결국엔 아무도 남지 않을 거라는 절망감만 느낄 것이다.

계속해서 늘어나는 노년층이 대상인지 '평온한 죽음'이라는 뜻의 '콰이터스'라는 자살 약을 국가가 권장하는 광고가 평화롭게 나온다. 무려 오전 8시가 되자마자 말이다. 아기 탄생을 위해 불임 검사를 의무로 하는 국가가 다른 한편에서 국민에게 자살을 권한다는 설정이

영화 속에서 오전 8시에 자살약 '콰이터스' 광고가 나오고 있다

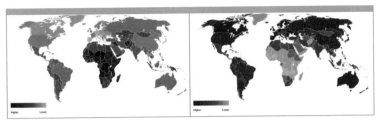

2020년 국가별 0~14세 인구 비율   2020년 국가별 65세 이상 인구 비율

출처: 유엔인구기금 웹사이트

두 인구 그룹의 분포가 대조된다. 0-14세인 유소년층 인구 비율이 적은 국가는 낮은 출산율의 영향을 받았기 때문이며, 65세 이상 인구인 노년층 비율이 높은 지역은 고령화 현상이 높게 나타나고 있음을 의미한다. 이런 지역은 선진국인 경우가 많다.

아이러니를 넘어 끔찍하다. 어째서 국가는 콰이터스를 만들어 국민에게 권장할까? 그리고 이 영화처럼 태어나는 아이들이 줄어드는 저출산 현상이 생기면 사회에는 어떤 일이 일어날까?

저출산이란 출산율이 줄어드는 현상을 말한다. 현대 사회에서 아이를 낳지 않는 이유로 결혼(초혼)하는 시기가 점점 늦어지는 것, 아이를 키우는 비용이 늘어나는 것, 그리고 결혼과 출산에 대한 가치관이 변하고, 고용이 불안정한 것 등을 꼽는다.

영화의 원작 소설에서도 출산이 줄어드는 배경에는 다음과 같은 요인들이 있다고 설명한다. 인구 계획, 산모의 생명이 위험할 경우에 임신 중절을 허용하는 제도의 영향, 여성의 사회 진출, 경제적 수준의 향상 등이다. 이렇게 저출산 현상이 지속되면 앞으로 일할 수 있는 인구가 줄어들고 이들이 노년층을 부양하는 부담이 늘어난다. 그래서 저출산 국가들은 다양한 출산 장려 정책을 펼쳐 출산율을 올리려 노력한다.

한편, 고령화 현상은 65세 이상 인구의 비율이 늘어나는 것을 말한다. 의학 기술이 발달하고, 생활 수준이 높아지면서 전보다 사망률이 줄었다. 이로 인해 평균 수명이 늘면서 나이 많은 사람의 수가 늘게 되는 것이다. 여러 국가에서는 고령화에 대비해 다양한 사회 보장 제도를 마련한다. 저출산과 고령화 현상은 개발도상국보다 선진국에서 더 잘 나타난다.

영화의 배경이 되는 영국은 실제로 어떤 상황일까? 영국도 출산율이 줄어드는 추세다. 2020년 합계 출산율이 1.7명이다. 영국 통계청의 미래 인구 예측에 따르면, 영국의 총인구는 꾸준히 늘 것으로 예상하지만 인구 구성비는 노년층이 유소년층보다 더 많아질 것이며 부양을 하는 청장년층은 현재보다 조금 줄어들 것으로 본다.

이러한 변화는 인구 부양에도 영향을 미친다. 약 20년 후 영국은 총부양비가 늘고 그중 노년층을 부양하는 부담은 조금 더 늘 전망이다. 평균 수명이 더 늘어 노년 인구가 현재보다 더 많아지기 때문이다. 반면 유소년층 인구는 줄어드는데, 저출산 상황을 가정할 경우 더 줄어들 수도 있다. 유소년층이 줄면 미래 청장년층도 자연히 줄어든다. 그렇게 되면 부양 부담이 계속해서 늘 것이다. 영화 속 콰이터스는 분명 끔찍하고 비극적이다. 그러나 저출산으로 인해 미래 세대가 짊어질 부양의 무게도 비극적일 만큼 무거워질 것으로 보인다.

우리나라는 어떨까? 세계적인 저출산 국가가 된 우리나라 역시 출산율이 줄어 부양비가 느는 추세가 조금 더 가파를 것으로 예상된다. 통계청 발표 기준, 우리나라의 합계 출산율은 꾸준히 줄어들어 2020년에는 1명이 채 되지 않는 0.84명이었다. 합계 출산율이란 한 여성이 가임 기간 (15~49세)에 낳을 것으로 기대되는 평균 출생아 수를 의미한다.

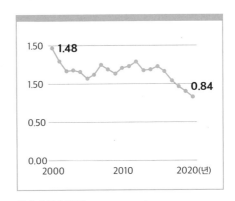

합계 출산율 변화 (2000-2020)

통계청에서 우리나라의 장래 인구를 2070년까지 예측한 자료에 따르면, 절대 인구는 2030년까지 5,120만 명 수준으로 감소하고 2070년에 3,700만 명대에 이를 것으로 본다.

2020년을 기점으로 유소년층은 계속해서 줄어들며, 생산 가능 인구인 청장년층 역시 줄어드는 반면 노년층은 지속적으로 늘어 2070년에는 청장년층과 노년층의 수가 비슷해질 것으로 예측되었다.

이에 따라 부양 부담도 증가하여, 2030년에 청장년인구 100명이 유소년층 13명, 노년층 38명 정도를 부양해야 하고, 2070년에는 유

소년층 16명, 노년층 100명 정도를 부양해야 하는 것으로 나타난다. 우리 사회도 저출산과 고령화로 늘어날 사회적 비용과 혼란을 대비해야 한다.

불법 이민자, '푸지'가 영국으로 온 이유는?

테오는 친구 재스퍼와 차를 타고 가다 철창이 쳐진 트럭에 실려 가는 무표정한 사람들을 본다. 재스퍼는 그들이 벡스힐 난민 수용소로 이송되는 '푸지(Foogies)'들이라고 설명한다. 영화 속 영국은 8년째 이민 봉쇄령이 내려져 외국인이 이민을 올 수 없고 불법 이주민들을 보이는 대로 적발해 길거리마다 설치된 임시 철창에 가두고 난민 수용소로 데려간다.

이 영화를 만든 알폰소 쿠아론 감독은 불법 이민자들과 난민 문제라는 지금의 현실을 수년 전에 이미 예측해 반영했다는 점에서 호평을 받았다. 지금도 영국을 비롯해 유럽으로 향하는 이민자들의 행렬은 계속되고 있다. 그들 중에는 푸지들과 같은 불법 이민자들도 많고 난민도 많다. 합법적이든 불법적이든, 희망을 품고 가든 생존을 위해 떠나든, 그들은 왜 유럽으로 향할까?

유럽은 세계적으로 경제가 가장 성장한 지역 중 하나다. 반면 유럽과 지중해를 두고 마주 보는 아프리카, 동쪽으로 접한 서남아시아는 개발도상국이 많고 내전을 겪는 등 치안이 불안정한 지역도 있다. 이 지역에서 경제적 기회를 찾아 이주하려는 사람들이나 내전을 피해 이동하는 난민들은 주로 유럽으로 향했다. 거리가 가까운데다 경제적으로 발전해 자기 나라보다 일자리도 많고 정치적으로도 안정되어 있기 때문이다.

또한 유럽연합 회원국들은 서로의 나라를 자유롭게 오갈 수 있는 솅겐 조약을 맺고 있다. 이에 따라 회원국의 국민뿐 아니라 이주민이나 난민도 유럽에 도착하면 유럽 내 어디든 자유롭게 이동할 수 있다. 따라서 이들은 일단 유럽에 들어온 후 경제적 수준이 높고 복지 시스템이 좋은 서부 유럽이나 북부 유럽을 목적지로 삼는다. 이런 영향으로 유럽 내에서 이민자가 많은 국가들은 독일, 영국, 프랑스와 같은 서부 유럽 국가들, 그리고 아프리카 및 서남아시아와 인접한 이탈리아, 에스파냐 등 지중해 연안 국가들이다. 이 국가들은 유럽연합(EU) 이외에서 온 이민자의 비율이 전체 이민자의 절반을 넘는다.

이주하는 사람들은 합법적인 절차를 거치기도 하지만, 영화에서처럼 불법으로 입국하거나 난민으로 이주하기도 한다. 유럽에서 공식 발표한 불법 이민자 규모는 2018년 약 60만 명 정도였다. 이 역시 서부 유럽에 있는 독일, 프랑스, 영국 및 지중해 연안의 그리스, 이탈리아 등에서 높게 나타났다. 그러나 일부에서는 실제 유럽 내 불법 이민자가 수백만 명일 것이며, 이 중 절반 정도가 독일과 영국에 거주할 것이라고 예상한다.

한편 유럽의 난민 규모는 2018년 기준 250만 명 이상으로 나타났다. 이것은 세계 난민의 30% 정도를 차지하는 규모다. 유엔난민기구(UNHCR)에 따르면, 유럽으로 향한 난민들의 국적은 시리아, 아프가니스탄, 소말리아, 수단, 콩고민주공화국, 에리트레아 등이다. 대부분 내전, 질병, 가난, 정치적 박해 등을 피해서 왔으며 140만 명 정도로 2018년 유럽 난민의 절반 이상을 차지했다.

이렇다 보니 유럽 나라들이 불법 이민자와 난민 문제로 상당한 비용과 사회적 갈등을 겪고 있다. 1993년 발표된 원작 소설에서는 나오

깊이 들여다보기

난민들은 유럽까지 어떻게 이동할까?

'보트 피플(Boat People)'이라는 말을 들어 보았을 것이다. 1974년 베트남 전쟁을 겪으며 베트남 난민들이 바닷길을 통해 탈출한 것에서 유래되었다. 오늘날에는 선박을 타고 조국을 탈출하는 난민을 가리키는 말로 쓰인다.

아프리카와 아시아의 난민들은 육지를 통해 터키, 리비아 등의 지중해 해안까지 도착한다. 육로 이동도 만만치 않고 매우 험난하다. 아시아 난민들은 터키를 거쳐서, 아프리카 난민들은 사하라 사막을 거쳐서 해안까지 이동한다. 그렇게 해안까지 도착하면 거기서부터 배를 타고 그리스, 이탈리아 등으로 이동한다.

대부분 브로커에게 돈을 주고 배에 탈 자리를 구하며, 가격에 따라 고무보트부터 요트까지 다양하다. 배의 승선 가능 인원을 훌쩍 넘기는 경우도 적지 않다. 상대적으로 돈이 많은 난민들은 더 안전하고 인원을 넘지 않는 배를 탈 수 있다. 돈이 부족한 난민들은 현지에서 돈을 벌면서 값비싼 승선 비용을 모은다. 돈이 곧 목숨을 담보하는 현실이다.

지 않았던 불법 이민자 문제가 2006년 개봉한 영화에서 나온 데는 아마 유럽 내 이주민이 서서히 늘어나던 사회적 상황을 반영한 것이 아니었을까 싶다.

왜 그렇게까지 이민자들을 미워할까?

테오는 임신한 키를 휴먼 프로젝트 배에 태우기 위해 벡스힐 난민 수용소에 들어가 그곳에서 배와 접선할 계획을 세운다. 그리고 우여곡절 끝에 난민 수용소에 도착한다. 난민 수용소에는 '푸지'라고 불리는 사람들이 가득하다. 한곳에 줄을 선 난민들은 머리에 자루가 씌워진 채 총살을 당한다.

테오와 키는 쇠창살로 된 통로를 지나 난민 거주 구역에 들어가 아랍계 집시 여성인 마리카를 만난다. 하나의 마을 같은 그곳에는 사람을 찾는 수많은 벽보들(한국어도 있다!)이 가득하다. 아랍어로 적힌 문구들이 거리의 담장 곳곳에 보이고, 한 무리의 시위대는 '알라후 아크바르'를 외치며 행진한다. 한편에서는 시체를 태우며 무언가 기원하는 사람들이 보인다. 정부군과 반군이 아무 제재 없이 곳곳에서 충돌하고 주민들이 총에 맞아 쓰러지는데도 이 대치는 계속된다.

영화 속 난민 수용소에 있는 '푸지'들은 인권을 유린당한다. 이민자들이 동물보다도 못한 취급을 당하는 설정은 SF장르라고 해도 너무

한 것으로 여겨진다. 그러나 이와 같은 설정이 전혀 허무맹랑한 것은 아니다. 영화의 배경이 되는 영국과 유럽 일부에서는 이민자들을 향한 차별이 있기 때문이다. 영화 속 상황은 현실을 빗대어 상상해낸 것이라고 볼 때 '푸지들이 차별당하는' 상황은 과연 현실의 어떤 지점에서 나온 것일까? 이주민을 '미워하는 대상'으로 생각하는 정서는 언제부터였을까?

유럽 사회는 20세기부터 많은 이민자가 들어왔다. 다양한 국가에서 다양한 문화 배경을 가진 사람들이 유럽으로 왔다. 특히 서부 유럽의 영국, 프랑스, 독일 등은 경제가 성장해 이민자들에게 좋은 목적지가 되었다.

20세기 중반 이 세 국가는 모두 경제적인 이유로 이민자들을 적극 받아들였다. 파키스탄, 알제리, 모로코, 튀니지, 터키 등에서 많은 사람들이 들어왔다. 1970년 석유 파동으로 경제 위기가 나타나며 이주에 제한을 두었지만, 그 이후로도 이주민은 계속 들어와 오늘과 같은 규모가 되었다. 이주민들은 대부분 서남아시아와 북부아프리카 출신인데 이 지역은 이슬람교를 믿는 이슬람 문화권이어서 현재 유럽 이민자의 많은 수가 모슬렘이다.

모슬렘들은 이주 초기에 주로 육체 노동, 단순 노동과 같은 3D 업종에서 일했고, 안정적으로 고용도 이루어졌다. 그러나 석유 파동으로 경제가 어려워지고 유럽인들 가운데 실업자가 늘자 실업의 원망을 이주민에게 돌리는 이들이 나타났다.

한편 모슬렘 가정의 이민 2세대들은 여러 가지 이유로 교육에서 소외되거나 학업 성취도가 낮은 경우가 많았다. 이에 따라 사회 진출에도 어려움을 겪었다. 이들 중 일부는 사회에 대한 불만으로 폭력 행위에 동요했다. 또한 모슬렘의 종교 공간인 모스크, 부르카로 온몸을 감싸 입는 이슬람 여성의 모습은 유럽인들에게 '우리 공간'을 다른 사람들이 차지하는 듯한 이질감을 느끼게 했다. 여기에 2001년 미국의 9.11 테러와 2004년 에스파냐 마드리드 열차 테러 사건, 2005년 영국 런던의 폭탄 테러 사건 등이 일어났다. 그 배후로 이슬람 극단주의 단체가 지목되자 유럽 내 반(反) 이슬람 정서가 커지게 되었다.

모슬렘을 필두로 한 이민자들을 차별의 시선으로 보게 된 것이 단지 이런 이유 때문일까? 이 영화가 개봉되던 2006년은 영국과 유럽 다른 국가들에서 모슬렘이 일으킨 테러가 몇 차례 생긴 후였지만, 난민을 포함한 이민자들이 사회적 문제라는 인식은 많지 않은 때였다. 게다가 당시 영국은 동유럽 이민자들이 급격히 늘고 있었고, 주류였던 폴란드계 이민자들에 대한 인식도 긍정적인 상황이었다.

그러나 점차 그 수가 늘면서 일자리를 차지하고 복지 비용을 받아가는 이주민이 많아지자 부정적인 인식이 생겨났다. 또한 영국은 독일, 프랑스와 함께 유럽연합 공동 정부를 운영할 분담금을 많이 내는 국가지만, 그에 비해 혜택은 매우 적었고 수혜금보다 분담금이 더 많은 경우도 있었다. 이로 인해 복지 부문의 재정을 줄이게 되었는데, 난민과 이민자들로 인해 영국 국민들의 일자리와 복지 수혜도 줄어들어 이들에 대한 거부감이 커진 것이다.

우리에게는 어떤 미래가
다가올까?

테오가 친구처럼 지내는 재스퍼의 집 한쪽에는 두 부부가 저널리스트와 시사 만화가로 왕성히 활동하던 기록들이 걸려 있다. 영화 속의 암울한 시대상이 나타난 과정을 설명해 주듯 카메라는 그것을 연이어서 비춰 준다. '이라크를 공격하지 말라', '불임율 90%', '많은 난민이 유럽에'. 그리고 그 끝에는 고문을 받고 후유증이 남은 재스퍼의 아내 재니스의 무기력한 표정이 나온다. 마치 영화 속 '푸지'들의 희망 없는 현재를 보여 주듯 말이다.

그러나 키가 재니스의 머리를 정성스레 매만져 주는 행위는 난민을 위해 애쓴 그의 행동이 온 세상이 기다리던 새로운 생명으로 결실을 맺었음을 보여 주는 듯하다. 온갖 난관을 거친 끝에 난민 수용소에서 작은 배를 타고 바다로 나와 안개 속에서 'Tomorrow'라는 이름의 휴먼 프로젝트 배를 만나며 영화는 끝난다. 엔딩 크레딧이 올라가고 난 후 아이들이 뛰어노는 소리가 들리는 것으로 보아 미래는 희망적일 거라고 생각된다.

영화는 희망의 메시지로 끝나지만, 현실에서 난민은 지금도 계속 이동한다. 새 생명을 안전한 곳으로 옮기려는 테오와 키의 여정처럼, 아프리카와 아시아의 난민들은 생존을 위해 목숨을 걸고 험난한 육로를 지나 위험천만한 배를 타고 지중해를 건너 유럽으로 향한다.

내전을 피해, 혹은 더 나은 기회를 찾아 사람들은 유럽으로 모인다. 인종과 문화가 서로 다른 사람들이 한곳으로 모여드는 것이니 어찌 보면 갈등이 나타나는 것이 당연하다. 그러나 모두가 바라는 희망을 위해 서로 도와야 한다고 영화는 말한다. 이 SF 영화는 가까운 미래의 가상 세상을 그리지만 저출산과 고령화, 난민과 불법 이민자라는 현실 주제를 통해 우리에게 다가올 미래를 어떻게 준비할지 생각해 보게 한다.

도시 재개발,
새로운 것은 뭐든 좋은 것일까?

지금도 잘 살고 있는데
왜 재개발하는 것일까?

"여기 싹 다 밀고 재개발하려고 그러고 있습니다. …루미 씨랑 같이
있던 분들 다 이 동네 가게 세입자들이거든요."
_영화 속 정현의 대사

루미는 시장에서 인기 있는 치킨집을 운영하는 청년 사장이다. 루미가 가게에서 잠을 청하던 어느 밤, 한 무리가 침입해 집기를 부수고 루미를 협박한다. 사실 루미의 치킨집이 있는 시장과 마을은 재개발 대상 지역이었다. 이곳은 철거 후 중국인 관광객을 맞을 대형 면세점이 세워질 예정이다. 루미와 시장 상인들은 권리금도 제대로 못 받고 쫓겨날 처지다.

이미 대다수 주민들과 상인들은 빠져나가서 빈집과 문을 닫은 가게들만 남았다. 빨간 락카로 쓴 낙서가 건물 곳곳에 보여 흉흉한 분위기다. 그 속에서 루미와 일부 상인들만이 자기 권리를 찾기 위해 끝까지 맞서고 있었다.

이들이 맞닥뜨린 재개발이란 정확하게는 '도시 재개발(urban redevelopment)'을 말한다. 도시가 만들어지고서 오랜 시간이 지나면 시가지는 낡게 된다. 그런 낡은 곳을 전체 도시의 공간 구조에 적합하도록 환경을 더 좋게 만드는 것을 말한다. 재개발은 주거 지역이거나 도심이 될 수 있고, 오래된 산업 지역이 될 수도 있다.

　도시 재개발을 하면 토지를 더욱 효율적으로 쓸 수 있고, 낡은 주거 환경을 개선해 주민들이 쾌적한 환경에서 지내게 되므로 삶의 질도 좋아진다. 주거 환경이 좋아지면 재산 가치도 오른다. 또한 오래되고 낡은 시설이 많으면 빈곤과 위생, 범죄 문제가 일어날 가능성도 커지는데 도시 재개발이 문제 예방에 도움이 될 수도 있다.

　이런 필요성으로 도시 재개발을 하는데, 이 과정에서 반드시 주민들이 참여해야 한다. 민주적인 절차를 따라야 재개발을 둘러싼 여러 이해관계의 갈등을 줄이면서 재개발의 목적을 이룰 수 있다.

재개발을 어떻게 하기에 루미와 상인들이 반대할까?

　영화 속 시장 상인들은 철거 용역들의 폭력에도 버티면서 대책을 강구한다. 원래 있던 상가와 주택들을 헐고 그 자리에 새로운 건물을 짓는 방식의 재개발이라서 이미 사람들은 다 빠져나간 상태다. 당연히 장사도 안 되지만 퇴거에 대한 보상을 제대로 받지 못했기 때문에 강제 철거와 개발에 반대하며 빈 상가에서 저항하는 것이다. 영화에서는 재개발 구역에 있는 사람들을 빨리 내보내려고 철거 용역을 써서 폭력을 휘두른다. 그런데 재개발은 영화처럼 사람이 다 이사를 나간 후에 모든 시설물을 새로 짓는 방법밖에 없는 것일까?

재개발의 유형은 크게 세 가지 방식으로 나뉜다. 기존의 시설을 모두 철거하고 새로운 시설물로 바꾸기 때문에 '철거 재개발'이라고도 불리는 '전면 재개발(redevelopment)', 관리가 잘 안 되어 환경이 나빠진 지역에서 기존 시설을 두면서 낡은 시설만 개선하는 '수복 재개발(rehabilitation)', 역사적, 문화적인 가치를 보존해야 하는 시설물이 있는 곳에서 환경이 나빠질 우려가 있어 예방 조치로 시행하는 '보전 재개발(conservation)'이다. 각 재개발 방식은 장단점이 다르다. 도시 재개발을 할 경우, 대상 지역의 여건과 주민들의 요구 등을 적절히 고려해 재개발 방식을 선택하게 될 것이다.

영화 속에 그려지는 재개발은 철거 재개발 방식이다. 철거 재개발은 재개발 구역에 있던 기존 시설물들을 모두 제거하고 새롭게 건물을 세워 완전히 다른 경관을 만든다. 그래서 오래되어 낡은 시설이 깨

끗하고 쾌적한 환경으로 바뀐다. 재개발을 하며 새로 세운 건물은 이전 건물들보다 고층으로 바뀌는 경우가 많다. 재개발 시점이 되면 그 지역이 처음 도시화가 되었을 때보다 땅값이나 접근성이 높아지기 때문에 땅을 효율적으로 쓰려고 건물 층수를 많게 짓는 것이다. 그래서 철거 재개발이 끝난 지역에는 고층 주상 복합 상가나 아파트 단지 등을 흔히 볼 수 있다.

철거 재개발을 했을 때 좋은 점만 있는 것은 아니다. 원래 있던 건물을 없애면서 오랜 시간 동안 만들어진 것들도 함께 사라지기 때문이다. 살던 집, 운영해온 상점, 상점들이 모인 재래시장이 사라진다. 오랜 기간 살면서 만들어진, 정을 나눌 수 있는 공동체가 사라지고, 단기간에 만들어지지 않을 상권과 단골 고객층이 사라진다. 오래되어 시설은 낡았지만 그 대신 저렴한 임대료와 부동산 가격도 사라지게 될 것이다. 수십 년 동안 켜켜이 쌓인 이것들이 철거라는 과정으로 하루아침에 없어지고 만다.

이런 아쉬움에도 불구하고 필요에 따라서는 철거 재개발을 한다. 재개발에 찬성하는 이들도 많기 때문이다. 원래 살던 사람들은 재개발이 된 후의 아파트나 상가 건물 등 새로운 시설에 다시 입주하거나, 이주 보상금을 충분히 받을 경우 경제적인 이득이 커서 찬성하기도 한다.

그렇지만 원거주민 가운데는 재개발을 하고 나서 입주는커녕 다른 곳으로 이주하는 것조차 쉽지 않은 사람들도 많다. 왜일까? 이들이 이곳에 사는 중요한 이유 중 하나는 저렴한 임대료 때문이다. 혹 주택이나 상가가 있더라도 낙후된 지역이었기 때문에 부동산 가격이 높지 않을 가능성이 크다.

그런데 철거 재개발을 하면 일시적으로 거처나 상점을 다른 곳으로 옮겨야 한다. 이주자들은 직장이나 원래 상점에서 멀지 않은 곳으로 옮기려 할 것이다. 그러나 재개발 구역의 주변 지역도 재개발로 인한 기대감에 땅값이 오르는 경우가 많다. 결국 가까운 곳으로 옮기는 데도 비용이 많이 든다. 그런데 이주 보상금만으로는 원래와 같은 위치나 규모로 얻기가 어렵다. 그래서 더 외곽으로 나가 낡은 곳으로 가게 되는 것이다.

이 와중에 이주 보상금이 비현실적으로 적다면 이주하기는 더더욱 어렵다. 그래서 재개발을 반대하는 사람들이 나오는 것이다. 철거 재개발의 경우, 거주하던 사람들이 모두 나가야지만 비로소 개발을 시작할 수 있다. 그렇기 때문에 재개발을 추진하는 주체는 계획된 기간 내에 그곳에 살던 사람들이 모두 나가는 데 총력을 다한다.

폭력을 앞세운 재개발, 누구를 위한 재개발인가?

영화를 보다 보면 한 가지 의문이 생긴다. 재개발 일정에 맞춰 공무원들이 시장 상인을 찾아와 퇴거해 달라고 말하는 건 이해가 된다. 그런데 난데없이 폭력배들이 나타나 폭력을 휘두른다. 그것도 한 번이 아니라 여러 번이나 와서 하루빨리 나가라고 협박한다. 루미의 아버지인 석헌은 우연히 초능력인 염력을 얻었는데, 이 힘을 써서 상인을 괴롭히는 폭력배들을 통쾌하게 날려 버린다. 그러나 이 일로 폭력배들뿐만 아니라 석헌도 감옥에 가게 된다.

이처럼 사람들을 동원해 폭력을 쓰고, 재개발 지역의 원거주민이 두려움에 울며 겨자 먹기 식으로 재개발에 동의하게 만드는 것은 허구의 설정일까? 이런 상황을 다룬 장면은 다른 영화에서도 간혹 등장했는데, 뉴스나 신문 기사 등을 본다면 아예 없었다고 보긴 어렵다.

2010년대 서울시에서는 강제 철거를 예방하고 주거 약자를 보호하는 대책을 세우겠다고 발표하기도 했다. 재개발 사업은 이를 둘러싼 다양한 이익과 의견이 있을 수 있다. 따라서 민주적인 절차와 존중 속에서 합의를 위한 끊임없는 대화가 필요할 것이다. 어떤 경우에도 폭력은 용납될 수 없다.

철거하지 않고 재개발된 곳은 없을까?

모든 재개발이 다 철거 후에 새롭게 만드는 것은 아니다. 기존 시설물을 살리면서 재개발을 하기도 한다. 그런 방식이 수복 재개발과 보전 재개발이다. 두 방식은 환경이 나빠질 것이 예상되거나 이미 나빠진 부분만 개선한다. 그래서 철거 재개발에 비해 대대적인 환경 개선 효과나 고층 건물을 지어 토지 이용의 효율성을 높이는 측면은 덜하다.

하지만, 원래 살던 주민들은 계속해서 그 동네에서 살 수 있고 마을 공동체도 유지된다. 시장들도 상점 위치와 상권에 큰 변동이 없다. 낡은 부분들이 새로 바뀌게 되므로 임대료나 땅값이 약간 오를 수는 있겠지만, 그 동네에 살던 주민들 중 경제적 형편이 어려운 사람들은 살던 곳을 옮기지 않아도 되니 나을 수 있다.

이런 방식으로 재개발된 곳이 서울의 북촌 한옥마을이다. 1990년대 북촌은 주거 환경이 나빠지고 있었다. 한옥은 당시 건축법에도 맞지 않았을 뿐더러 불편하다는 인식까지 있었다. 그래서 실제로 철거 후 재개발될 예정이었으나 건축가, 주민 등 여러 사람들의 노력으로

북촌 한옥 마을 ©Trainholic

북촌을 보존하는 방향으로 바뀌었다.

원래 하려고 했던 철거 재개발을 지지하던 일부 주민들은 당시 보존 재개발에 대한 반발이 컸다고 한다. 한옥 주택의 벽에는 '사유 재산을 침해하는 한옥 보존을 폐지하라'는 의미의 문구가 써지기도 했다. 그러나 한옥의 편리성을 높이는 한옥 수선 설계, 유지 보수 비용을 일부 지원하는 제도를 실시하며 주민들을 꾸준히 설득한 결과 북촌 한옥 마을은 기존 시설을 잘 보존해 재개발을 한 대표 사례가 되었다. 오늘날의 북촌은 한옥의 아름다움을 느끼고 싶은 수많은 사람들이 찾는 관광 명소로 자리매김했다.

경상남도 통영의 '동피랑 마을'도 원래 있던 시설을 철거하지 않고 재개발을 진행했다. 이곳은 아름다운 벽화로 유명하다. 남해에 있는 통영은 지형 특성상 바다 가까이까지 가파른 언덕이 많다. '동쪽 벼랑'이라는 뜻의 동피랑 마을도 언덕에 있어 계단과 비탈길이 많이 있는 낙후된 곳이었다. 이곳 역시 과거에 철거가 예정되어 있었으나 통영의 시민 단체들이 공공 미술의 가치를 구현하고자 동피랑 마을에 벽화를 그리기 시작했다. 그 결과 현재는 마을 형태가 남아 있으면서도 많은 사람들이 즐겨 찾는 곳으로 탈바꿈했다.

이 외에도 부산의 감천문화 마을, 광주의 양림동 펭귄 마을, 수원의 행궁동 일대 등도 철거 없이 원래 공간 형태를 유지하면서 낡은 환경을 개선해 사람이 모여드는 핫플레이스가 되었다.

여러 방식을 혼합한 사례도 있다. 서울의 마지막 달동네로 불리는 노원구의 백사마을은 1960년 대 남대문, 청계천, 용산 등 도심 개발

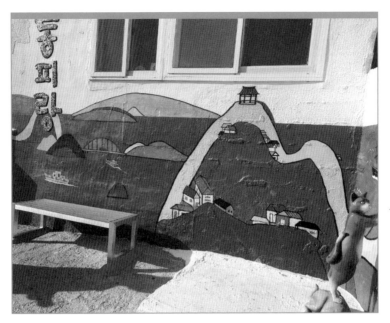

동피랑 마을 ⓒ정지민

에 밀려난 철거민들이 만든 마을이다. 백사마을 재개발은 일부 구간
은 철거해 새로운 주거 단지를 만들고, 원래 살던 사람들의 재정착을
돕기 위해 200여 가구는 임대 주택으로 공급할 계획이다. 일부 구간
은 원래 마을의 지형, 골목길 등을 보전해 마을 고유의 정취와 주거,
문화생활의 흔적을 남기겠다는 계획으로 추진되고 있다.

도시 재개발의 시선이
향해야 할 곳

염력을 써서 사람들에게 피해를 입힌 죄로 감옥에 간 석헌은 수감 생활을 마치고 출소한다. 상인들을 도와 함께 싸우던 변호사 정현은 석헌을 데리러 온다. 차를 타고 가는 길에 그들이 그토록 지켜내려 했던 재개발 현장을 보여 준다. 그 현상은 빈 땅만 남아 있었다. 변호사는 시공 건설사 비리 등 문제로 재개발이 중단되었다고 말한다. 참으로 허무해지는 순간이다. 누구도 책임은 지지 않고 밀려난 사람들만 속상한 상황이다.

영화에서 만약 재개발에 주민들의 의견을 더 적극적으로 반영해 나갔다면 어땠을까? 적어도 빈 땅이 되어 주민들의 삶터도 아니고 도시 공간으로 활용되는 것도 아닌 상황은 되지 않았을 것이다. 루미가 가족을 잃는 일 또한 없었을 것이다.

도시 재개발은 해당 지역의 여건과 주민들의 요구, 필요에 따라 적절한 방식을 택해 민주적으로 추진되어야 한다. 따라서 원래 살던 주민의 거주 환경과 사회 경제적 상황이 좋아지는 것을 중대한 목표로 삼아야 한다. 재개발에 참여하는 기업들이나, 재개발을 추진하는 소수의 사람들에게만 이익이 돌아가서는 안 된다. 재개발 과정에 민주적으로 참여하는 모든 주체가 협력해 자기 역할을 충실해 해내고 합당한 몫을 얻어야 하는 것이다.

어떤 지역을 개발하는 목적은 그 지역을 살기 좋은 곳으로 만들기 위함일 것이다. 그리고 그 지역에 사는 사람은 지역에 오랜 기간 발을 붙이고 살아온 주민들이다. 도시 재개발은 '도시'의 어떤 지역을 살기 좋은 곳으로 만들기 위해 '다시' 개발하는 일이다. 그래서 도시 재개발의 시선은 주민과 거주 환경을 제일 우선해서 봐야 하고, 주민들의 삶의 질을 올리는 데 진심을 다해야 한다. 그래야만 도시 재개발을 해서 우리가 얻을 수 있는 다른 효과들도 비로소 의미가 생길 것이다.

LA라는 도시가
특별한 이유

라라랜드
(LA LA LAND)

LA라는 독특한 도시에서
꿈을 좇다

화창한 날씨에 꽉 막힌 도로. 라디오에서는 서로 다른 언어로 노래들이 흘러나온다. 차에 갇힌 사람들의 모습에는 짜증이 가득한데, 어느 한 차에 탄 여성이 노래를 흥얼거리기 시작한다. 그러면서 꽉 막힌 고가 도로에 있던 차량 운전자들이 나와 마치 뮤지컬을 하듯이 노래를 부른다. 노래의 제목은 'Another day of sun.' 마치 교통 체증에 갇힌 내 모습처럼 현실은 답답하지만, 미래 나의 태양은 새롭게 뜰 것이라고 기대하는 제목과 가사, 그리고 신나는 리듬이 흐르는 노래다. 영화 〈라라랜드〉는 이렇듯 현실에 지친 LA 시민들이 평소 잊고 살던 꿈을 좇아 행복한 상상을 하는 모습으로 시작된다.

이 장면이 촬영된 곳은 LA 남쪽의 105번 고속도로와 110번 고속도로가 교차하는 고가 도로다. LA 도심으로 들어가려는 차량들로 항상 북적이는 도로에서 통행을 막고 촬영했다. 영화에서도 차량들이 멀리 보이는 LA 도심으로 향하는 모습이 나온다. 이 장면은 LA라는 도시를 대표하는 첫 장면으로 손색이 없을 정도로 LA의 특징을 잘 나타낸다.

LA는 미국의 유명한 대도시들과 조금 다른 도시 구조적인 특징이 있다. 도시를 연구하는 학파 중 로스앤젤레스학파(LA학파)라는 새로운 연구 집단이 생겼을 정도다. LA의 다양한 모습을 담은 영화 〈라라랜드(LA LA LAND)〉 속 장면들을 통해 그동안 몰랐던 LA의 특징들

실제 영화의 촬영 장소인 LA 105번, 110번 고속도로의 교차점　　　　　©Remi Jouan

을 함께 알아보자.

앞서 언급했듯이 영화의 처음에 등장하는 꽉 막힌 고속도로 정체는 LA를 상징하는 장면이다. LA의 교통 체증은 1950년대 자동차 배기가스로 인한 LA형 스모그(광화학 스모그)라는 새로운 유형의 환경 문제를 만들 정도로 심각하다.

LA는 세계에서 가장 발달한 도시 중 하나이므로 우리는 당연히 영화 속 배경이 빽빽한 고층 빌딩들일 거라고 예상하기 쉽다. 뉴욕이나 도쿄, 홍콩, 서울 등 다른 세계 도시에서는 고층 빌딩들을 쉽게 볼 수 있기 때문이다. 그러나 〈라라랜드〉에서는 주인공들이 LA 도시 곳곳을 돌아다니는데도 대도시 특유의 마천루(하늘 높게 솟은 초고층 빌딩들

시카고의 모습   LA의 모습

의 모습)가 나오지 않는다. LA는 어떠한 발달 과정을 거쳐 현재의 모습과 특징을 갖게 되었을까?

1920년대 미국의 지리학자들은 시카고를 대상으로 도시 내부의 공간 구조를 처음으로 연구하기 시작했다. 최초 시카고의 도시 발달 과정을 생태학적 관점으로 분석한 지리학자들을 '시카고학파'라는 연구 집단으로 부른다. 시카고학파는 도시가 발달하는 과정에서 도시 중심부인 도심부터 주변 지역까지 도시 내부가 어떻게 구분(분화)되는지 알아내고, 이를 이론으로 만들고자 했다. 이들은 도시 내부 구조가 '접근성'에 따라 질서 정연한 형태로 구분(분화)된다는 사실을 발견했다. 접근성이 높은 도심에는 금융, 행정 등 중심 업무가 집중되고, 토지 사용의 대가인 지대(地貸, rent)가 높아 고층 빌딩들이 밀집한다. 반면 지대가 낮은 주변 지역은 상대적으로 토지 이용의 밀집도가 낮다.

그들은 이러한 형태를 모델화하여 '동심원 모델'이라는 도시 내부 구조 이론을 제시했다. 시카고학파가 제시한 '동심원 모델'은 한동안 도시 발달 과정을 설명하는 주요한 이론이 되었다.

그러나 LA는 산업 구조가 변화하면서 자동차 교통을 중심으로 발달한 새로운 형태의 도시였다. 20세기 이후 사람들이 자신의 자동차를 타고 다니자 도로 교통도 발달하게 되었다. 이렇게 도로 교통과 함께 발달한 도시는 도심과 주변 지역의 접근성 차이가 비교적 적었다. 접근성 차이가 커 도시 내부 공간이 뚜렷하게 기능과 공간으로 구분되는 과거의 도시와 달리, 이러한 도시는 도시 내부 공간이 상대적으로 균등하게 발전되었다.

그러자 전통적인 도심의 영향력은 줄어들었고, 교외 지역에 여러 도로가 만나며 상대적으로 접근성이 높아진 위치에는 여러 부도심과 '에지 시티(Edge City)'라는 새로운 중심지가 만들어졌다. 또한 도심에서 교외 지역으로 주거 및 상업 기능들이 무분별하고 무질서하게 팽창하는 '도시 스프롤(Urban Sprawl)' 현상이 나타났다. 과거와 달리 도시의 경계가 불분명해지며 광범위한 대도시권이 생겨난 것이다.

이렇게 탈중심화된 LA의 특징은 새로운 도시 연구의 패러다임을 만들어 냈다. 로스앤젤레스학파라고 불리는 도시학자들은 뚜렷한 중심지 없이 여러 기능이 흩어진 LA의 이러한 특징을 두고, 마치 성운에 퍼진 별들의 형상과 닮았다며 '성운형 대도시(Galactic Metropolis)'라는 새로운 개념을 제시했다.

LA의 행정 구역은
어디까지일까?

　우리가 로스앤젤레스(Los Angeles), 줄여서 LA라고 칭하는 도시의 범위는 어디까지일까? 우리에게 익숙한 '서울특별시 강남구' 등과 같은 행정 구역 체계는 국가마다 다르다. 그러니 우리나라 행정 구역을 대입해서는 LA의 도시 범위를 정확히 이해하기 어렵다. 미국은 연방 정부 아래 50개 주(state)로 구분된다. 또한 주는 하위에 여러 카운티(county)를 행정 구역으로 둔다. 카운티는 여러 시(city)나 읍(town) 등을 하위 행정 구역으로 둔다. 이때 우리가 흔히 부르는 LA는 사는 사람들의 공간 인식에 따라 'LA카운티'가 될 수 있고, 'LA시'가 될 수도 있다.

　예를 들어 캘리포니아주(CA)의 LA카운티는 LA시뿐만이 아니라 약 80여 개의 시(city)가 들어 있다. LA시뿐 아니라 부자 동네로 잘 알

LA카운티의 문양

LA시의 문양

대한민국 나성특별시, LA

한국 상점들이 밀집한
한인 타운의 모습

LA는 세계 어떤 도시보다 우리나라 사람들이 친숙해하는 도시다. 메이저리거 박찬호와 류현진이 뛰었던 LA다저스 팀의 연고 도시인데다가, LA에 세계에서 가장 큰 한인 타운(Korea Town)이 있고, 재외 동포의 인구가 가장 많기 때문이다. 미국에 거주하는 한인 약 190만 명 중 캘리포니아주에 약 54만 명, 그중 LA카운티에 약 23만 명이 거주한다. 코로나가 생기기 전에는 인천 공항과 LA를 잇는 항공편은 하루에만 5~7편이 있었을 정도다.

LA에 조성된 한인 타운은 1960년대 이후 LA 도심 서쪽 미드윌셔(Mid-Wilshire) 지역에 한인들이 살기 시작하면서 생겨났다. 한인 타운은 영어를 몰라도 생활이 될 정도로 한식당, 마켓, 병원, 학원 등 한인 상권이 형성되어 있다. 한국의 유명한 프랜차이즈 매장들도 지점을 냈다. 그러나 최근 한인 타운 조성 지역이 낙후되고 치안이 불안해지면서 LA 외곽에 새로운 한인 밀집 지역이 생겨났다. 그러면서 기존 한인 타운의 위상은 많이 떨어진 상태다. 그럼에도 LA 한인 타운은 여전히 미국과 대한민국을 연결해 주는 대표적인 매개체이며, LA라는 도시를 더 친숙하게 만들어 주고 있다.

려진 베벌리 힐스(Beverly Hills) 역시 앞서 말한 에지 시티 역할을 하면서 하나의 시로 LA카운티에 포함되는 식이다.

또한 도시 스프롤 현상으로 인해 시와 카운티 경계가 명확하게 구분되지 않아 실제 거주하는 사람들도 평소 생활 반경 등에 따라 LA시와 카운티를 정확히 구분하지 않고 인식한다. 도시 규모로 LA를 구분한다면 가장 작은 스케일로 구분되는 LA시의 인구가 2020년 기준 약 400만 명, LA카운티의 인구는 약 1,000만 명에 이르는 큰 도시다. 또한 행정 구역을 넘어 LA를 중심으로 연계된 광역 도시권의 인구는 약 1,800만 명에 이르고, 경제 규모는 세계 3위권을 차지한다.

할리우드의 도시, 세계 최대의 영화 산업 중심지

다시 영화 〈라라랜드〉로 돌아와 보면 스토리와 핵심 장면의 배경이 영화, 극장, 배우, 오디션 등과 관련 있다. 여자 주인공은 배우 지망생이며, 오디션 연습을 하다가 남자 주인공을 만난다. 영화 초반 여자 주인공이 일하는 곳은 세계적인 영화사이자 할리우드 5대 대형 스튜디오 중 하나인 워너 브라더스 스튜디오에 있는 카페다. 레스토랑에서 피아노를 치는 남자 주인공을 우연히 다시 만나는 장면 또한 할리우드의 거리가 배경이다. 전체 이야기부터 작은 소품에 이르기까지 〈라라랜드〉에서는 '할리우드(Hollywood)'를 빼놓을 수가 없다.

할리우드 사인   ©Thomas Wolf

    할리우드는 LA의 하위 행정 구역 중 하나로 LA 중심지 주변에 위치한다. 할리우드 하면 떠오르는 대표적인 랜드마크가 있다. '할리우드 사인'이라고 불리는 이 간판은 총 높이가 14m, 너비는 61m나 되며 LA 시내가 한눈에 내려다보이는 할리우드 힐(Hollywood Hills)에 설치되어 있다. 이 대형 간판은 1923년에 부동산 광고를 위해 세워졌는데 원래 'HOLLYWOODLAND'였지만, 부동산 회사가 부도 처리되면서 'LAND' 부분이 파손되어 철거된 채 1978년까지 방치됐다. 그러다 1978년 할리우드와 LA의 중요한 랜드마크를 복원하고자 모금을 시작했고, 현재의 모습이 되었다.

    영화 산업이 발전하기 시작한 20세기 초에는 조명과 같은 실내 촬영 기술이 부족했다. 따라서 주로 야외에서 촬영을 했다. 야외 촬영을 위해서는 연중 맑은 날씨와 풍부한 햇빛이 필요했기 때문이다.

　LA는 미국에서 북위 36° 아래에 있어 일조량이 풍부한 지역을 묶은 선벨트(Sun Belt)에 속한 도시다. 특히 여름에는 고온 건조하고 겨울에는 온난 습윤한 지중해성 기후가 나타난다. 이로 인해 LA의 연평균 강수일은 약 35일에 불과하고, 연평균 일조 시간은 약 3,000시간이 넘는다. LA의 기후는 맑은 날씨와 풍부한 햇빛을 찾던 영화 산업 종사자들에게 안성맞춤이었다. 또한 촬영 배경으로 쓸 수 있는 LA의 대도시, 태평양의 바다, 네바다의 사막, 산타모니카 산맥 등에도 접근하기 좋았다.

　이러한 자연환경으로 영화 제작자들은 LA로 모여들었고, 자연스럽게 영화 산업이 발전했다. 시간이 흘러 실내 촬영 기술이 발전했지

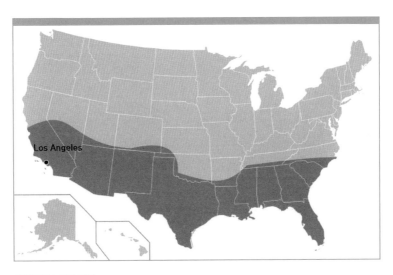

선벨트와 LA의 위치

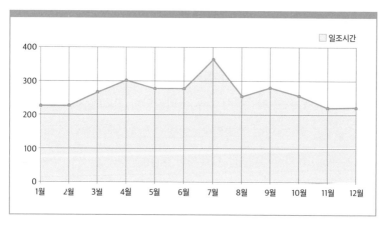

만 영화 제작자들은 할리우드를 떠나지 않았다. 영화 촬영의 기술 수
준이 높아지면서 영화 제작을 위한 각본, 촬영, 배급, 섭외, CG 등 업
무들이 분업화되었다. 그러면서 집적된 영화 산업 인프라를 쉽게 이
용할 수 있는 할리우드는 세계적인 영화 산업 클러스터로 발전했다.

    LA의 실제 영화 관련 시설들은 매각과 이전을 거듭하며 할리우드
행정 구역 외부로 많이 이전한 상태다. 그럼에도 LA에는 세계 5대 영
화사인 월트 디즈니 픽처스, 워너 브라더스, 유니버셜 픽처스, 파라마
운트 픽처스, 컬럼비아 픽처스의 스튜디오가 모두 모여 있으며, 아카
데미 시상식이 열리는 돌비 극장 또한 할리우드에 남아 명맥을 잇고
있다. 할리우드와 LA는 여전히 미국 영화 산업을 상징하는 대명사로
남아 있는 것이다.

천사들의 도시, LA와 영화 <라라랜드>

영화 제목에서 사용된 'LA LA LAND'라는 표현은 실제 LA를 지칭하는 단어로 사용된다. '꿈의 나라'라는 뜻으로 꿈꾸는 사람들의 도시, 꿈처럼 살아가는 사람들의 도시 등의 의미를 갖는다. 이처럼 낭만적인 도시인 LA는 오랜 시간 다양한 영화의 배경이 되었다. 그러다가 2016년 전 세계적인 흥행을 거두면서 영화 <라라랜드>는 다른 어떤 영화보다 LA를 상징하는 영화가 되었다. 특히 음악과 함께 현대적인 촬영 기법 등으로 할리우드의 초창기 고전 영화들을 재해석했다.

또한 LA 구석구석을 배경으로 삼아 LA의 매력을 잘 표현했다는 평가를 받는다. 아카데미 영화 주제가상을 받은 'City of star'가 흘러나오는 산타모니카 해변, 'Planetarium' 노래가 연주되면서 쏟아지는 LA 밤하늘의 별들 속에서 주인공들이 사랑을 확인하는 그리피스 천문대 등이 영화 속 대표적인 LA의 명소다. 그러면서도 LA라는 도시가 가진 지리적 특징들 또한 잘 나타낸 영화이다. 천사들의 도시라는 이름처럼 빼어난 자연 경관과 자유롭고 창의적인 사람들이 살아가는 도시 LA. <라라랜드>를 보면서 이러한 LA의 매력에 빠져 보는 것을 권한다.

Chapter 03

지리로 보는 전쟁 이야기

세계의 운명을 건 대 탈출,
그 성공의 키는 바로 지리다!

패배하고 돌아왔지만
환영받는 군인들

노신사   *well done (잘했네)*

영국군   *all we did is survive (겨우 살아 돌아온 것뿐이에요.)*

노신사   *that's enough (그거면 충분해)*

1940년 5월 어느 날 밤. 전투에 지고 간신히 목숨만 건져 집으로 돌아온 병사들은 얼굴을 들지 못한다. 모두 전투에 패배한 자신들을 비난할 거라고 생각했기 때문이다. 그러나 이들을 맞아 주는 노신사는 살아 돌아와 잘했다고 말하며 따뜻한 차를 건넨다. 위의 대화는 덩케르크 철수 작전(작전명 다이나모)을 다룬 영화 〈덩케르크〉에 나오는 장면이다.

군인 약 30만 명이 전투에 패배해 돌아왔지만 영국 총리인 윈스턴 처칠은 오히려 "우리가 구출해 온 군인들의 숫자를 통해 우리 군의 용기와 헌신을 알 수 있습니다.(the numbers they have brought back are the measure of their devotion and their courage.)"라는 연설을 하여 패배가 아닌 작전의 성공을 선언한다.

이처럼 영화 〈덩케르크〉는 제2차 세계대전 초반, 프랑스 덩케르크 지역에 고립된 영국군의 귀환을 다룬다. 실제로 영국군은 전쟁 초기에 전체 병력의 80% 이상이 덩케르크에 고립되어 전멸을 앞둔 절망

1940년 독일의 프랑스 침공

적인 상황에 놓였다. 그런데 어떻게 이들은 무사히 고국으로 돌아갈 수 있었을까?

제2차 세계대전을 치를 때 프랑스를 침공한 독일을 막기 위해 프랑스, 벨기에, 영국의 연합군은 방어선을 만들었다. 이때 연합군은 독일군이 프랑스의 마지노 선(Maginot Line)과 아르덴 고원의 산림 지대를 통과하지 못할 거라고 판단했다. 마지노 선이란 오늘날 더 이상 넘을 수 없는 마지막 한계선이라는 의미로 많이 쓰인다. 하지만 이때만 해도 난공불락(難攻不落)의 요새로 어떠한 군대로도 돌파하기 어렵다고 알려진 막강한 방어선이었다.

마지노 선은 제1차 세계대전 이후, 프랑스가 독일의 침공에 대비해 국경에 대규모로 건설한 요새를 가리킨다. 마지노 선이라는 이름은

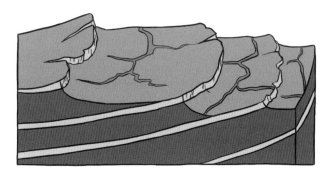

케스타 모식도

요새를 만들자고 제안한 육군성 장관 '앙드레 마지노(André Maginot)'
의 이름에서 따왔다. 마지노 선은 프랑스 동부 지역의 지리적 특징을
잘 활용해 세워졌다. 프랑스 파리를 포함한 동부 지역의 지질은 거대
한 석회암으로 구성되어 큰 분지를 이룬다. 분지란 주위가 산으로 둘
러싸여 있고 그 안은 평평한 지형을 말하는데, 일반적으로 방어에 유
리하다.

한편 분지의 동쪽 끝은 암석의 강도 차이에 의해 차별적으로 침식되
어 드러난 경암층이 급경사의 절벽을 이룬다. 이것을 '케스타(Cuesta)'
지형이라고 한다. 케스타 지형은 이러한 지형 특징 때문에 과거부터
자연적인 방어 요새로 많이 활용되었다. 프랑스 또한 이 특징을 살려
매우 강력한 요새를 건설했다.

연합군은 아르덴 고원 역시 자연 요새로 여겨 방어를 소홀히 하였
다. 아르덴 고원은 울창한 산림과 해발 고도 400~600m에 이르는
산지로 이루어져 대규모 병력과 탱크가 넘어오기에는 어려웠기 때

문이다.

　따라서 연합군은 지리적으로 침공에 취약한 마지노 선이 끝나는 지점부터 해안까지의 평야 지대에 방어선을 만들었다. 그러나 독일군의 구데리안과 폰 만슈타인 장군은 연합군의 방어 전략을 충분히 예측하고 있었다. 그래서 독일군은 연합군이 방심하고 있던 아르덴 고원을 주된 진격로로 삼았다. 지리적인 역발상을 발휘해 기갑 부대를 이끌고 아르덴 고원의 산림 지대를 순식간에 돌파해냈다. 낫질 작전이라고 불리는 독일군의 진격은 마치 낫으로 풀을 베는 모습처럼 순식간에 연합군의 방어선을 무너트렸다. 연합군은 포위되었고, 도버 해협에 맞닿은 덩케르크에 약 30만의 영국군이 최후의 운명을 기다리고 있었다. 제2차 세계대전이 그대로 끝날 수도 있는 매우 중요한 순간이었다.

영국군이 탈출할 수 있었던
지리적 이유

　영화는 하늘에서 떨어지는 독일군의 선전 전단을 잡는 주인공의 모습으로 시작한다. 전단에는 영국군이 독일군에게 포위된 지도가 실려있다. 주인공은 무표정으로 전단을 모아 용변을 보려 하는데 그 순간 추격해온 독일군의 총격을 받는다.

　마침내 더 이상 후퇴할 수도 없는 덩케르크 해변까지 추격당한 최

악의 상황이 된 것이다. 그러나 독일군의
추격은 매섭지 않다. 보병 부대의 소극
적인 총격만이 있을 뿐 독일군의 자
랑인 기갑 부대는 보이지 않는다.
그래서 주인공은 무사히 프랑
스군의 방어 진지를 통과해
덩케르크 해변의 영국군
집결지에 도착한다.

독일군의
선전 전단

    이 장면은 실제 덩케르크
철수 작전을 가능하게 했던 중요한 순간을 나타낸 것이다. 독일군은
강력한 기갑 부대를 이끌고 마지노 선을 우회하여 아르덴 고원을 통
과함으로써 연합군의 허를 찔렀고 최후의 공격 작전만을 남겨 두고
있었다.

    영국군 약 30만 명은 덩케르크 해변에 고립되어 포로가 되기만을
기다리고 있었다. 그러나 이때 누구도 예상하지 못한 독일군의 판단
이 나온다. 바로 사흘 동안 진격을 중지한 것이다. 이로 인해 영국군
이 철수하는 데 필요한 시간을 벌었고, 독일군은 개전 초기에 승기를
확실히 잡을 기회를 놓쳤다. 독일군이 진격을 중지한 이유로는 여러
설이 있다. 하지만 우리는 지리적 관점에서 살펴보려고 한다.

    첫째, 플랑드르 지역의 늪과 운하 지대의 존재가 영국군의 철수를
도왔다. 영국군이 고립된 덩케르크는 벨기에 플랑드르(Flandre) 지역
에 바로 인접해 있으며, 넓게 보면 플랑드르 지역에 속해 있다. 플랑

드르 지역은 영어로 '플랜더스(Flanders)'로 표현되는데 그 유명한 『플랜더스의 개』의 배경이 되는 지역이다. 플랑드르 지역은 북해 연안에 있는 평균 해발 고도가 5~50m 정도 되는 저지대로 배수가 굉장히 불량한 땅이다.

또한 이 지역은 서안 해양성 기후의 영향을 받아 강수가 잦다. 워낙 비가 많이 오다 보니 들판이 쉽게 진흙 뻘과 같은 험지가 되기 일쑤다. 플랑드르의 어원 역시 고대 프리지아어인 'flamdra', 즉 '홍수가 잦은 땅'이라는 뜻일 정도로 비가 오면 쉽게 범람하는 지대인 것이다.

독일군은 제1차 세계대전 중 플랑드르 지역에서 상당히 고전을 했는데, 늪과 운하 지대인 이 지역에서 전차들이 기동성을 발휘하기가 상당히 어려웠기 때문이다. 이 경험이 있어서인지 제2차 세계대전이 일어난 후 독일의 기갑 부대는 파죽지세로 연합군의 방어선을 뚫고 진격했는데, 오히려 독일군 지휘부는 예상보다 기갑 부대의 속도가 빨라서 당황했다.

늪과 운하 지대로 이루어진 플랑드르 지역에서 보병 부대의 지원 없이 기갑 부대만 고립된다면 연합군의 반격을 크게 받을 것이 틀림없기 때문이다. 그래서 히틀러는 기갑 부대와 보병 부대의 간격을 줄이기 위해 기갑 부대의 진격을 멈추도록 지시했다. 이것은 제2차 세계대전의 승패를 가르는 가장 결정적인 순간 중 하나였다.

둘째, 영국군이 고립된 덩케르크는 천만다행하게도 도버 해협과 인접해 있었다. 독일군의 공세에 밀린 영국군은 도버 해협과 맞닿아 있는 덩케르크의 좁은 해변에 약 30만 명이 고립되었다. 이때 영국군 수

뇌부는 이들을 구출하기 위한 '다이나모 작전'을 세웠으나 덩케르크의 해안 지형적 특징으로 인해 성공을 장담하기 어려웠다. 고립된 병력의 10%인 3만 명만이라도 구출할 수만 있다면 성공으로 볼 지경이었다.

덩케르크 지역은 밀물과 썰물의 수심 차이가 약 4~5m 정도로 조수 간만의 차이가 매우 크다. 또한 수심이 무척 낮아 해안에 대형 함정들을 대고 대규모 병력을 실어 옮기기가 어려웠다.

이러한 점은 영화 초반에 잘 드러난다. 부상병들을 태운 병원선이 독일 공군의 폭격에 맞아 침몰하는 상황에서 지휘관은 다급히 병원선을 떠내려 보내라고 외친다. 대형 함정을 댈 수 있는 몇 안 되는 선착장이 파괴되면 덩케르크 해변 전체가 막혀 더 큰 피해가 생길 수 있기 때문이다. 또한 영화 후반부에 주인공이 영국군 무리와 함께 좌초된 낚싯배에 숨어 들어가 만조를 기다리며 탈출하려는 장면에서도 덩케르크의 조차가 얼마나 큰지를 알 수 있다.

그러나 영국군의 입장에서 덩케르크에 고립된 것이 마냥 불행한 상황은 아니었다. 덩케르크는 영국의 도버와 프랑스의 칼레를 잇는 도버 해협과 굉장히 가깝다. 특히 도버 해협은 영국

도버 해협의 위성 사진 　　　　　　©NASA

과 프랑스를 잇는 최단 거리로 가장 짧게는 약 33.3km밖에 떨어져 있지 않다.

이곳은 마지막 빙기 때는 해수면이 낮아지면서 대륙과 영국 섬이 육지로 이어진 지점이었다. 후빙기에 해수면이 오르면서 지금의 좁은 해협이 만들어진 것이다. 이러한 특성으로 인해 과거부터 이 해협을 이용해 수많은 교류와 항해를 했으며, 민간 선박을 징발해 고립된 군인들을 구출하기에도 훨씬 수월한 지점이었다.

깊이 들여다보기

히틀러가 진격을 멈춘 또 다른 이유

영국군이 덩케르크에 고립된 이후 진격을 멈춘 사흘은 제2차 세계대전의 결과를 뒤바꾼 결정적인 시간이었다. 훗날 히틀러가 진격 중지 명령을 내린 이유를 찾기 위해 여러 분석을 했지만, 정확한 이유는 밝혀지지 않았다. 이 글에서 다룬 지리적인 이유를 제외하고 또 다른 이유로는 다음 내용이 유력하다.

첫째, 독일 공군 원수 헤르만 괴링에게 히틀러가 설득 당했다는 내용이다. 괴링은 공군으로 영국군을 괴멸할 수 있다며 히틀러를 설득했고, 히틀러가 거기에 넘어가 약 사흘을 벌어 주었다는 것이다. 둘째, 게르만 우선주의를 외치던 히틀러에게 앵글로색슨족인 영국인들은 절멸의 대상이 아니었다는 것이다. 개전 초기에만 해도 히틀러는 게르만족의 한 종파인 앵글로색슨족의 기원인 영국을 설득할 수 있다고 믿었고, 덩케르크에 고립된 영국군 30만 명을 전멸시키기를 주저했다는 설이다. 하지만 진격을 멈춘 정확한 이유는 지금까지도 미스터리로 남아 있다.

영화에는 영국군을 구출하기 위해 해군에서 민간 선박들로 도버 해협을 건너게 하는 장면이 나온다. 유람선, 화물선뿐 아니라 소형 어선과 개인용 요트를 가리지 않고 민간 선박들은 덩케르크로 향한다. 이 소형 배들은 영국과 가깝고 수심이 낮은 덩케르크 해변에서 직접 군인들을 태워 올 수 있었다.

이것은 덩케르크 철수 작전의 결정적인 성공 요인이 된다. 영국군 지휘관이 덩케르크로 몰려오는 소형 배들을 보면서 "조국이 오고 있다"라고 하는 장면과 가망 없이 앉아 있던 영국군들이 일어나 환호하는 모습이 영화의 클라이막스가 된 것은 이러한 배경이 있기 때문이다. 도버 해협과 가장 가까운 덩케르크가 아닌 다른 지역에 고립되었다면 이러한 기적을 기대할 수 없었을 것이다.

드디어 집으로

무사히 탈출한 군인은 고국으로 돌아가는 배의 선실에서 휴식을 하다 곧 갑판으로 올라간다. 그러자 선원은 위험한 상황이라며 다시 선실로 내려갈 것을 권유한다. 이에 군인은 짧은 한마디를 던진다.

"절벽이 보고 싶어."

선원은 군인의 말에 공감해 갑판으로 올라오는 것을 허락한다. 이어 나오는 하얀색 절벽을 바라보는 군인과 선원의 얼굴을 보여 주면서 이제 정말 집에 도착했다는 안도감을 나타내며 영화는 마무리된

도버 해협의 백악 절벽   ©Immanuel Giel

다. 이 장면은 영국군의 귀환을 상징적으로 표현한다. 하얀색 절벽은 어떤 의미가 있기에 영국 사람들에게 '집'이라는 장소를 연상시킬까?

　이 하얀 절벽은 도버 백악 절벽(White cliff of dover)이라고 불리는 해안 절벽으로 높이가 110m에 달한다. 이 거대한 하얀색 절벽은 영국에 첫발을 내딛으려는 모든 사람들이 처음으로 마주하는 영국의 상징과도 같다. 과거 로마 시대부터 영국의 본섬인 브리튼 섬을 아예 '하얀 절벽의 나라'라는 뜻의 '알비온(Albion)'이라고 부른 표현이 있을 정도다.

　또한 도버 해협의 이 하얀색 절벽은 오랜 시간 항해를 떠나는 영국인들의 길잡이 역할을 해주었으며, 수차례 유럽 본토의 침공에서 영국을 지켜 주는 방파제 역할을 했다. 영국인들에게 고향이라는 장소감을 가진 절벽을 후반부에 보여 주며 귀환이라는 의미를 나타낸 것이다.

덩케르크 철수 작전은 성공적이었다. 영국군 30만 명을 무사히 귀환시킬 수 있었고 이들은 다시 대륙 원정군이 되어 유럽 본토로 투입되었다. 혹시 이 작전이 성공하지 못했다면 우리가 아는 제2차 세계대전의 역사는 완전히 바뀌었을 것이다.

크리스토퍼 놀란 감독의 영화 〈덩케르크〉는 실제 덩케르크 철수작전을 사실적으로 재연하여 높은 평가를 받았다. 영화 속에 담긴 여러 지리적 내용을 찾고 당시 절박했던 영국군의 심정에 공감하면서더욱 현실감을 느낄 수 있게 영화를 관람하는 것을 추천한다.

제국이 탐내던 척박한 땅,
그곳에서 치러진 전쟁 이야기

12 솔져스

제국의 무덤, 아프가니스탄

2021년 8월 15일. 이날, 20년을 끌어온 아프가니스탄 전쟁이 결국 극단주의 이슬람 무장 단체인 탈레반의 승리로 끝났다. 미군을 포함한 다국적군은 사상자 약 27,000명을 냈고 약 2조 달러, 우리 돈으로 2,300조가 넘는 막대한 전쟁 비용을 썼지만 결국 자신들이 세운 아프가니스탄 정부의 몰락을 막지 못했다.

탈레반을 피해 아프가니스탄의 수도 카불에 난민들이 몰려왔다. 탈출하기 위해 필사적으로 비행기에 매달리다 추락하는 난민들의 모습이 전 세계에 실시간으로 중계되었다. 한때 세계를 양분하던 소련과 미국이 약 30년 간격을 두고 아프가니스탄에서 쓸쓸히 물러나는 모습에 많은 세계인들이 큰 충격을 받았다.

비가 거의 오지 않는 척박하고 황량한 땅. 해발 고도 6,000~7,000m에 이르는 험준한 고산 지대. 농사도 짓기 힘든 세계 최빈국인 아프가니스탄은 영국, 소련에 이어서 미국까지 물리치며 제국의 무덤임을 다시 한 번 확인했다. 어떻게 아프가니스탄은 제국의 무덤이 될 수 있었을까? 미국은 그 사실을 알면서도 왜 아프가니스탄과 20년 동안 긴 전쟁을 할 수밖에 없었을까? 전쟁 초기 아프가니스탄에 투입된 미군의 실화를 담은 영화 〈12 솔져스〉를 보며 함께 이해해 보자.

America under attack

'America under attack.' 2001년 9월 11일, 말 그대로 미국이 공격 당했다. 단순한 테러가 아니었다. 미국을 상징하는 뉴욕의 쌍둥이 빌딩(세계 무역 센터)에 공중 납치된 비행기 두 대가 충돌했다. 워싱턴의 펜타곤(국방부)에도 비행기가 충돌했다. 심지어 백악관으로 향하던 비행기는 승객들의 지항으로 충돌에 실패하고 늘판에 추락했다. 충돌의 충격을 견디지 못한 쌍둥이 빌딩이 무너지는 모습은 방송을 통해 세계에 실시간으로 방영되었다. 약 3,000명이라는 역사상 유례가 없는 미국 본토의 민간인 희생자들이 나왔다. 세계 최강국이라는 미국이 손쓸 틈도 없이 무력하게 당한 것이다.

「뉴스위크」지 표지

영화는 오사마 빈 라덴이 이끌던 국제 테러 단체 '알 카에다'가 저지른 테러들의 실제 장면을 하나씩 보여 주며 시작한다. 1993년 세계 무역 센터 주차장 테러, 1998년 케냐 나이로비의 미국 대사관 폭탄 테러, 2000년 예멘에 정박한 미 군함 테러, 그리고 앞서 서술한 9.11 테러의 장면이 텔레비전에서 나온다.

모든 미국인은 영화에서 나오는 모습과 같이 분노했고 즉각적인 보복을 원했다. 오사마 빈 라덴과 알 카에다

탈레반 국기

를 멸망시키기 위해 미국 정부는 어떠한 방법이라도 쓸 각오가 되어 있었다. 그러자 테러 단체들은 미국의 보복을 피해 험준한 자연환경과 자신들을 보호해 줄 이슬람 세력이 있는 아프가니스탄으로 숨어들었다.

당시 아프가니스탄은 10년간 러시아와의 전쟁, 내전 등을 거치며 매우 혼란한 상황이었다. 이런 혼란 속에 '탈레반'이라는 무장 단체가 등장했다. 탈레반은 아프가니스탄의 민족 중 약 40% 이상을 차지하는 파슈툰 족으로 구성된 단체다. 이들은 극단적인 이슬람 교리를 공부하던 신학생들이 결성했다. 탈레반이라는 뜻 자체가 파슈툰 어로 '학생들'이라는 뜻이다.

이슬람 원리주의를 주장하는 탈레반은 '샤리아'라는 이슬람 종교 율법을 초강경하게 적용했다. 정치와 종교가 분리되지 않는 매우 엄격한 신정일치의 종교 사회를 건설하는 것이 탈레반의 최종 목적이었기 때문이다. 또한 무력을 적극적으로 사용하면서 혼란스러운 아프가니스탄의 주도권을 잡고 통치하고 있었다. 미국을 공격한 오사마 빈 라덴과 알 카에다는 마찬가지로 이슬람 극단주의를 내세웠다. 이러한 맥락 속에 탈레반과 알 카에다가 오랜 기간 협력하고 있던 것이었다.

미국은 9.11 테러가 오사마 빈 라덴과 알 카에다의 소행이라는 사실을 밝혀내고 탈레반에게 오사마 빈 라덴을 넘겨 줄 것을 요구했다. 그러나 탈레반은 미국의 요구를 거절했다. 이들에게는 영국과 소련이 아프가니스탄의 험준한 자연환경을 극복하지 못하고 물러갔던 경험이 있었기 때문이다. 결국 미국은 테러와의 전쟁을 선포하며 아프가니스탄을 침공한다. 20년이나 치러진 아프가니스탄 전쟁의 시작이었다.

무려 이천 년간 침략 당해온 아프가니스탄의 지정학적 위치

영화는 미국이 직접 아프가니스탄을 공격하는 장면으로 시작하지 않는다. 미국 역시 아프가니스탄의 자연환경을 쉽게 공략할 수 없다는 것을 알았다. 영화에서도 미국이 오랜 전쟁의 역사를 가진 탈레반의 군사 경험과 산악전 능력을 경계하는 장면이 나온다. 실제로 지난 2천 년 동안 아프가니스탄은 무수히 많은 침략을 당했다. 아프가니스탄의 역사 자체가 침략의 역사라고 해도 과하지 않을 정도다.

아프가니스탄은 세계적으로도 험준한 힌두쿠시 산맥 일대에 위치한다. 중부 지방의 평균 해발 고도가 백두산보다 높은 약 3,000m 이상이며 북동부 지방은 평균 해발 고도가 5,000m 이상일 정도로 영토 대부분이 고산 지대다. 강수량 역시 일부 지역을 제외하고 극히 적다.

이처럼 사람이 살기에 매우 불리한 환경 조건인데 왜 그렇게 끊임없이 외세의 침략에 시달렸을까? 바로 아프가니스탄의 절묘한 위치 때문이다.

아프가니스탄은 중앙아시아, 서아시아, 남아시아에 모두 걸쳐 있다. 내륙 국가라서 바다와 접해 있지 않다. 그러나 거시적으로 봤을 때 유라시아 대륙의 정중앙에 위치한다. 유럽과 아시아를 이어 주는 경로로 굉장히 높은 지정학적 가치를 지닌 것이다. 그 시대의 패권을 차지하려는 제국들의 입장에서 보았을 때 이 땅은 영토를 넓히기 위해서는 꼭 차지해야 할 대륙의 통로였다.

2022년 아프가니스탄의 혼란스러운 정세는 이러한 지정학적 가치와 관련이 깊다. 특히, 19세기 대영 제국과 러시아 제국의 그레이트

아프가니스탄을 놓고 경쟁하는 사자(대영 제국)과 곰(러시아 제국).
1878년 영국 잡지 「punch」에 실린 삽화

게임에서 그 뿌리를 찾을 수 있다. 그레이트 게임이란 19세기 유라시아 대륙을 놓고 벌인 대영 제국과 러시아 제국의 패권 경쟁을 말한다.

유라시아 대륙 고위도에 동서로 넓게 펼쳐진 영토를 가진 러시아 제국은 항상 교역과 국가 안보의 어려움을 겪었다. 지금처럼 시베리아 횡단 철도가 건설되어 기차를 통해 물자와 병력을 옮길 수도 없었다. 시베리아의 험준한 기후와 지형은 러시아 제국이 극복해야 하는 약점이었다.

고위도에 위치하여 북해에 맞닿은 항구들은 빈번하게 얼어 사용할 수 없었다. 18세기까지 러시아가 사용하던 유일한 교역항인 아르한겔스크 역시 1년 중 약 3~4개월만 사용할 수 있었다. 따라서 당시 러시아 제국은 해양으로 진출하기 위해 겨울에도 얼지 않는 부동항을 가지는 것이 가장 시급한 과제였다.

러시아는 지중해로 진출할 통로를 얻기 위해 오스만 제국과 전쟁을 치러 크림반도와 흑해를 확보하기도 했었다. 그러나 러시아 제국이 남쪽으로 세력을 넓히는 것에 불안을 느낀 영국, 프랑스가 오스만 제국을 지원하면서 러시아는 연합군과 크림전쟁을 치르게 된다. 그 결과, 프랑스와 영국, 오스만 제국의 연합군에게 러시아는 패배하게 되고 지중해로 진출하는 통로를 다시 빼앗기고 만다. 이에 러시아 제국은 이번에는 중앙아시아를 차지해 아프가니스탄을 통해 인도양에 진출하고자 했다.

인도를 식민지로 삼은 대영 제국의 입장에서 러시아 제국이 아프가니스탄으로 진출하는 것이 엄청난 부담이었다. 아프가니스탄에 이어 인도까지 러시아 제국의 영향권에 놓일 수 있다고 판단한 것이다. 결국 대영 제국은 아프가니스탄을 먼저 공격해 러시아 제국을 견제하기로 한다. 이것은 총 세 차례의 영국-아프가니스탄 전쟁으로 이어진다.

그러나 대영제국은 저항하는 아프가니스탄과 수차례나 전쟁을 치르게 된데다가, 제1차 세계대전까지 참전하느라 아프가니스탄을 굴복시켜 완전한 영향권 아래로 두기 어려웠다. 러시아 제국 역시 연이은 남하 정책의 실패로 아프가니스탄에 진출하여 세력권을 넓힐 수 있는 여력이 남아 있지 않았다.

결국 두 제국은 협약을 맺었다. 이에 따라 아프가니스탄은 독립국으로 남을 수 있게 되었으며, 대영 제국과 러시아 제국의 완충지가 되었다. 또한 1893년 영국령 인도의 외무장관인 모티머 듀랜드와 아프가니스탄의 군주 칸이 '듀랜드 라인 조약(Durand Line Agreement)'을 맺어 인도와 아프가니스탄 사이에 국경선이 그어지게 된다. 이것은 현재 파키스탄과 아프가니스탄의 국경으로 이어졌다. 이 과정에서 이 일대에 살던 파슈툰 족은 원치 않게 아프가니스탄과 파키스탄 두 나라로 분리되었다.

또한 아프가니스탄과 파키스탄의 국경 지대는 험준한 지형으로 각국의 중앙 정부가 통제하기도 쉽지 않다. 이러한 배경 속에 극단적인 이슬람 원리주의 세력들이 활개를 치게 되었고, 탈레반과 알 카에다와 같은 테러 단체가 숨어 활동할 수 있는 공간이 만들어진 것이다.

한편 아프가니스탄의 지도를 보면 북쪽으로는 타지키스탄에 맞닿

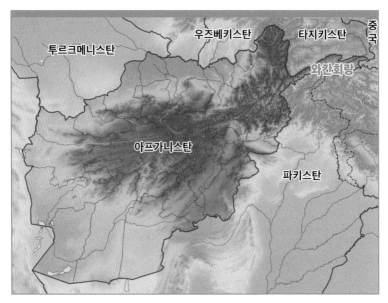

와칸 회랑과 주변 나라들　　　　　　　　　　　　©Urutseg

아 있고, 남쪽으로는 파키스탄, 동쪽으로는 중국과 국경을 맞대고 있는 길고 좁은 형태의 영토를 찾을 수 있다. 특이한 모양의 이 영토는 '와칸 회랑(Wakhan Corridor)'이라 불린다. 회랑(Corridor)이란 지정학적으로 마치 복도처럼 폭이 좁고 긴 통로 역할을 하는 땅을 지칭하는 용어다.

　와칸 회랑은 남북 13~65km, 동서 350km 길이로 매우 험준한 파미르고원 고산 지대에 위치한다. 이 회랑은 최근까지도 현대적인 교통망이 건설되지 않았을 정도로 외부에서 침입하기 굉장히 어려운 지정학적인 특징을 가지고 있다. 또한 과거 회랑의 남쪽인 힌두쿠시 산맥과 북쪽의 파미르고원 사이에 만들어진 실크 로드의 통로로도 사용되었다.

이 회랑은 자연적으로 만들어진 경계가 아니라 대영 제국과 러시아 제국의 그레이트 게임의 결과로 생겨난 일종의 완충지다. 앞서 언급했던 러시아의 남하와 이를 막기 위한 영국의 아프가니스탄 침공 과정에서 만들어졌다.

아프가니스탄을 둘러싸고 대영 제국과 러시아 제국이 계속해서 충돌한 결과, 1873년 두 제국은 협정을 통해 와칸 지역을 분할하면서 회랑 북쪽의 판지 강과 파미르 강을 아프가니스탄과 러시아 제국의 국경으로 설정했다. 그 이후 1893년 영국령 인도 제국과 아프가니스탄의 바라크자이 왕조 사이에 맺은 듀랜드 라인 조약에 따라 회랑 남쪽에도 국경이 설정되었다. 따라서 이 지역은 아프가니스탄의 영토이면서 동시에 대영 제국과 러시아 제국이 직접 마주하지 않게 해주는 완충지가 되었다.

와칸 회랑은 최근 중국이 유라시아 대륙의 패권을 쥐기 위해 서쪽으로 영향력을 확대하는 일대일로 사업에서도 중요한 위치인 지역이다. 또한 미국이 아프가니스탄에서 철수하고, 중국이 신장 위구르 지역과 맞닿은 와칸 회랑을 통해 이슬람 분리 세력이 들어오는 걸 경계하고 국경을 폐쇄하면서 주목받았다.

탈레반의 적, 북부 동맹

　다시 영화로 돌아와서 9.11 테러의 보복을 위해 아프가니스탄으로 파견된 미국 특수 부대는 직접 탈레반을 공격하지 않고, 북부 지역에 있는 군벌 중 하나인 도스툼 장군을 만난다. 만남을 주선한 CIA 요원은 주인공에게 우즈벡 어를 할 수 있냐고 물어본다. 파슈툰 족이 대다수인 탈레반과 달리, 북부 동맹은 우즈베크 족과 타시크 속으로 되어 있기 때문이다. 아프가니스탄 전쟁 초반에는 미국 정부가 직접 개입하기보다는 탈레반의 반대 세력인 북부 동맹을 이용해 탈레반을 제거하려 했다.

　북부 동맹은 소련과의 전쟁에서 저항했던 이슬람 게릴라 군사 조직 '무자헤딘'을 이끌었던 아흐마드 샤 마수드가 아프가니스탄을 장악했

북부 동맹의 세력권

던 탈레반에 대항하고자 북부 지역의 군벌들을 단합시킨 동맹이다. 그러나 영화에서도 군벌들의 경쟁과 갈등이 계속 나오는데, 이들을 단결시키기 쉽지 않았다. 민족과 언어, 군벌들의 성향 등이 너무 달랐기 때문이다. 9.11 테러가 일

아프가니스탄의 영웅 '아흐마드 샤 마수드'

아흐마드 샤 마수드는 영화에서 나오지
는 않지만, 아프가니스탄의 정세를 파악
하기 위해서 꼭 알아야 하는 인물이다.
마수드는 탈레반 정권이 있기 전에 소련
과의 전쟁에서 무자헤딘을 이끈 군인이
었다. 그는 북부 동맹의 지도자로서 아프
가니스탄에서 영웅으로 인정받는 사람
이다. 이슬람 본연의 가치를 지키려는 이
슬람 원리주의를 표방하였으나 다른 종
교나 사상에도 관용적인 태도를 보였다.
또한 탈레반과 알 카에다처럼 무고한 시
민들을 희생시키는 테러리즘에 반대했
다. 영화에서 탈레반은 여자아이가 8살
이 넘어 곱셈과 영어를 배웠다는 이유로

아프가니스탄에서 발행된
아흐마드 샤 마수드의 우표

출처: afghan post

그 엄마를 죽인다. 하지만 아흐마드 샤 마수드는 탈레반과 달리, 여성의
권리 보장에 관심을 가졌다.
실제 마수드는 2000년 아프간 여성 기본권 선언문에 서명했다. 또한 그
가 지배한 지역에서는 여성도 남자와 동등하게 교육받을 권리와 시설이
보장됐다. 여성 억압을 상징하는 부르카의 착용 역시 강요되지 않았다.
그러나 아흐마드 샤 마수드는 탈레반의 사주를 받은 알 카에다에 의해
2001년 9월 9일, 9.11 테러 바로 2일 전 암살된다. 아프가니스탄의 정
세는 순식간에 혼란에 빠졌다. 또한 탈레반은 숙적인 아흐마드 샤 마수드
를 제거해 준 알 카에다를 미국에 넘겨 주길 거부하면서 본격적인 아프
가니스탄 전쟁이 시작되었다.

어나기 직전까지만 해도 탈레반에게 아프가니스탄의 주도권을 빼앗길 정도였다.

〈12 솔져스〉는 아프가니스탄 전쟁 초기에 바로 이 북부 동맹을 지원하기 위해 투입된 미군들의 실화를 그린다. 주인공과 동료들은 때로는 군벌들을 달래기도 하고, 때로는 윽박지르기도 하면서 북부 동맹을 지원한다.

북부 동맹은 미군의 지원을 받아 전쟁이 일어난 지 1개월 만에 탈레반을 몰아내고 수도인 카불을 점령했다. 그리고 아프가니스탄 이슬람 공화국을 수립하고 통치하면서 북부 동맹의 결속력은 약해졌다. 그러나 2021년 미군이 철수하고 탈레반이 다시 아프가니스탄을 지배하면서 재결성되었다. 현재도 북동부의 판지시르를 기반으로 탈레반에 저항하고 있다.

'너희는 시계를 가졌을지 몰라도 우리는 시간을 가졌다.
(you may have watches, but we have the time)'

2011년 아프가니스탄 전쟁 10년 특집으로 발간된 「뉴스위크」의 탈레반 인터뷰에서 나온 말이다. 2021년에 20년이라는 시간을 버티지 못하고 결국 아프가니스탄에서 철군한 미국의 모습을 정확하게 나타낸 말이라고 할 수 있다.

영화에서는 미군들의 활약으로 북부 군벌들이 동맹을 맺고, 탈레반에게 승리한다. 그러나 군벌을 이끄는 도스툼 장군은 주인공에게 아프가니스탄은 제국들의 무덤이었다는 사실과, 오늘의 친구가 내일의 적이 될 수 있음을 꼭 기억하라고 조언한다.

2001년 9.11 테러를 일으킨 오사마 빈 라덴과 알 카에다, 그리고 그들을 숨겨 준 탈레반을 내쫓기 위해 시작된 전쟁은 20년이 흘러 제자리로 돌아왔다. 북부 동맹의 무능력함과 부패함, 그리고 오사마 빈 라덴의 사살 후 불명확한 미국의 전쟁 목표 등이 맞물린 결과다. 결국 아프가니스탄이 제국의 무덤임을 다시 확인시켜 준 것이다.

탈레반은 이제 정상 국가를 목표로 아프가니스탄을 다시 지배하려 하고, 북부 동맹은 반 탈레반 동맹을 결성해 판지시르에서 저항하고 있다. 오랜 시간 전쟁과 침략에서 고통받는 아프가니스탄 사람들의 삶이 안정되기를 소망한다.

**태평양 전쟁의 마지막을 그려 낸
화산섬의 전투**

이오지마에서 온 편지

인간이 살기 힘든 죽음의 섬, 이오지마

영화는 태평양의 한 섬을 보여 주며 시작된다. 넓게 펼쳐진 모래 해변과 폐허가 된 군사 시설만 있는 평화로운 섬으로 일본의 한 발굴팀이 들어간다. 태평양에 있는 작고 조용한 섬에서 발굴팀은 무엇을 찾아낼 수 있을까?

영화의 배경이 되는 이오지마 전투는 태평양 전쟁 중 미국과 일본이 태평양의 작은 섬 이오지마(IWO JIMA)를 차지하기 위해 치른 전투다. 축구장 약 30개 면적만 한 작은 섬을 차지하고자 약 3만 명이 넘는 양국 군인들이 희생되었다. 미국과 일본은 왜 그렇게도 이 작은 섬을 차지하려고 애를 썼을까? 영화 〈이오지마에서 온 편지〉를 보며 그 이유를 찾아보려 한다.

이오지마 섬은 한자로 '유황도(硫黃島)'라고 불린다. 전쟁이 일어나기 전 원주민들은 이 섬을 일본어로 '이오토(いおうとう)'라고 불렀으나, 일본 해군이 쓴 해도(海圖)에 적힌 '이오지마'라는 명칭을 미군이 그대로 사용하면서 이오지마가 일반적인 명칭이 되었다. 그 후 2007년 일본의 국토지리원에서 원래의 이오토로 명칭을 바꾸었고, 현재는 '유황도'라는 한자와 함께 '이오토(한국어로 이오 섬)'로 부른다. 우리나라 말로는 '이오 섬'이나 여기서는 영화와의 연관성을 위해 '이오지마'라는 명칭을 사용하고자 한다.

이오지마는 일본 도쿄에서 남쪽으로 약 1,200km 떨어진 화산섬으

1945년 2월 당시 전황도   출처: https://www.ibiblio.org

로 면적은 약 20km², 섬의 길이는 남북 약 4km, 동서 약 9km인 매우 작은 섬이다. 토양 대부분은 화산재로 되어 있고, 모든 식수는 빗물에 만 의존한다. 열대 우림 기후가 나타나 매우 덥고 습하며, 화산 활동으로 유황 냄새가 지독하게 풍긴다. 한마디로 인간은 살기 힘든 태평양의 작은 화산섬이다.

영화 초반부에 주인공인 병사 사이고 노보루가 참호를 파면서 "이런 섬은 미국이나 가지라 그래.", "냄새도 지독하고 물도 없는 섬이잖아."라고 불평하는 장면이 나온다. 언뜻 보면 큰 가치가 없는 작은 섬을 차지하기 위해 전투를 치르는 게 이해되지 않는다. 하지만 미국과 일본의 수뇌부들의 생각은 달랐다. 이오지마의 위치는 태평양 전쟁의 승패를 결정짓는 전략적 가치를 가졌기 때문이다.

일본 본토로 가는 마지막 길목

1941년 일본이 진주만을 기습해 태평양 전쟁이 시작되고 나서 3년 이라는 시간이 흘렀다. 미국은 일본의 공세를 꺾고, 태평양의 주도권을 거의 장악했다. 이제 일본은 본토를 방어하기 위해 더 이상 물러날 곳이 없었으며, 미국은 일본의 본토를 공격하기 위한 확실한 교두보를 마련하려 했다.

이런 상황에서 이오지마는 일본과 미국 양쪽에게 전략적 요충지로 평가받았다. 이오지마의 위치가 전략적으로 무척 중요했기 때문이다. 미국은 이미 사이판 전투에 승리해 마리아나 제도의 통제권을 확보한 상황이었다. 사이판 전투 이후 미국은 마리아나 제도의 사이판, 티니안, 괌 등의 섬에서 폭격기들을 발진시켜 일본 본토를 폭격하기 시작했다. 이러한 과정에서 이오지마의 위치가 점점 중요해졌다.

미국은 B-29와 같은 장거리 폭격기들을 보내 일본 본토를 공습했지만, 상대적으로 비행 거리가 짧은 호위 전투기들은 함께 발진시키지 못했다. 또한 마리아나 제도와 일본 본토 사이에 중간 기착지가 없어 대규모 폭격기 편대를 보내기도 힘들었다. 그래서 미국의 폭격기들은 종종 일본의 대공포나 전투기에 의해 피해를 입기도 했다.

반대로 일본은 마리아나 제도와 본토 사이에 있는 이오지마에서 미국의 폭격기 발진을 조기에 탐지할 수 있었다. 이오지마에서 탐지된 미국의 폭격기들은 일본에 통보되었고, 일본은 본토에 도달하기 전에 폭격기들을 요격하거나 경보를 울려 피해를 줄일 수 있었다.

이렇듯 이오지마는 일본 본토 공격을 앞두고 꼭 차지해야 할 미국의 교두보였으며, 일본은 반드시 지켜야 할 전략적 요충지였다. 실제로 이오지마 전투기 한창인 와중에도 미국의 폭격기가 이오지마에 비상 착륙을 하기도 했다. 그리고 전쟁이 끝날 때까지 약 2,000대가 넘는 미국의 폭격기가 이오지마에 비상 착륙해 24,000명이 넘는 조종사와 군인들이 생존할 수 있었다. 이와 같은 지리적인 배경은 양측이 이 전투에 얼마나 사활을 걸었는지 알려 준다.

지형을 적극적으로 활용한
이오지마 수비대

이오지마 전투에 앞서 태평양의 제공권과 제해권을 장악한 미국은 태평양의 섬들을 하나씩 일본으로부터 탈환하기 시작했다. 미드웨이 해전, 과달카날 전투, 타라와 전투, 사이판 전투 등 태평양의 주요 섬들에서 전투가 이어졌다.

태평양 섬들에서 펼쳐진 전투의 양상은 대부분 비슷했다. 상륙 거점인 해변에 일본군이 방어 진지를 만들어 상륙하는 미군들을 공격하는 방식이었다. 미군의 압도적인 화력에 밀려 일본군의 방어선은 대부분 무너졌다. 일본군이 야간에 기습해서 반격을 노리다 격퇴되면 미군들이 남은 일본군을 소탕하는 식으로 진행되었다.

쿠리바야시 타다미치 장군

미군은 이오지마에서도 비슷한 전투 양상이 될 것이라고 예측했다. 그래서 이오지마를 점령하는 데 시간이 그리 걸리지 않을 거라고 판단했다. 당시 니미츠 제독은 "이오지마 전투는 쉬울 것이다. 일본군은 싸우지 않고 항복할 것이다(Well, this will be easy. The Japanese will surrender Iwo Jima without a fight.)."라고 말했을 정도였다.

그러나 미군은 이오지마 수비대 사령관인 쿠리바야시 타다미치 장군의 능력을 간과하고 있었다. 영화에서도 묘사되었듯이 쿠리바야시 타다미치 장군은 전쟁 전 미국에 파견되어 하버드대학교에서도 공부한 경험이 있었다. 누구보다 미군의 화력과 물량에 대해 잘 이해하고 있었고, 전투에서 지형을 활용해 방어 전략을 세울 역량이 있는 장군이었다.

우선 쿠리바야시 장군은 이오지마의 화산 지형을 활용해 미국이 일본 본토로 진격하는 걸 최대한 지연시키는 목표를 세웠다. 영화에서도 쿠리바야시 장군이 이오지마에 부임한 후 부관을 화산재 해변에서

미군이 스케치한 이오지마 지하 요새　　출처: https://www.ibiblio.org

뛰게 하는 등 섬 곳곳을 답사하며 지형을 파악하는 장면이 나온다. 쿠
리바야시 장군이 세운 방어 전략은 크게 세 가지였다.

　첫째, 해안 방어선을 구축하는 걸 포기했다. 미군이 상륙하리라고
예상되는 이오지마의 해변은 화산재로 이루어져 견고한 방어 진지를
세우기가 어려웠다. 화산재를 아무리 파내도 다시 무너지기 일쑤였
다. 오히려 화산재는 상륙하는 미군들의 발목을 잡았다. 해변에 상륙
한 미군들은 푹푹 빠지는 화산재에 발이 묶여 일본군의 집중 포격을
받았던 것이다. 미군은 상륙 첫날에만 약 2,500명이 넘는 심각한 인
적 피해를 입었다.

둘째, 이오지마 전체에 지하 요새를 건설했다. 미군은 그동안 상륙 작전을 하기 직전까지 강한 화력을 써서 일본군의 방어 진지를 무력화시켰다. 따라서 일본군은 미군의 화력을 견디고 최대한 많은 수의 병력을 지켜 내는 것이 중요했다. 이오지마를 이루는 화산재와 응회암은 상대적으로 굴착하기도 쉬웠다.

이런 이유로 쿠리바야시 장군은 이오지마에 부임한 이후 줄곧 지하 요새를 건설하는 데 집중했다. 수리바치산과 이오지마 전체에 지하 7층, 총 길이 3~5km, 약 1,000개가 넘는 방이 있는 지하 요새를 만들었다. 그 덕택에 미군의 포격에도 큰 인명 피해 없이 병력을 지킬 수 있었다. 영화에서도 부하들의 반대에도 불구하고 지하 요새를 만드는 장면들

이오지마에 상륙하여 화산재 해변에 고립된 미국 해병대

이 계속 나온다.

셋째, 무리한 자살 공격은 금지하고, 건설된 지하 동굴과 벙커에 최대한 숨어 저항하라는 명령을 내렸다. 이것은 기존 일본군의 방어 전략과는 완전히 반대되는 명령이었다. 일본군은 전투에서 밀리기 시작하면 자살 돌격을 실행했다. 하지만 이것은 전술적으로 큰 효과가 없는 공격이었다. 쿠리바야시 장군은 이런 무의미한 자살 공격 대신 최대한 병력을 지키면서 미군에 피해를 입히는 전략을 썼다. 영화에서도 내내 자살 돌격과 관련된 갈등 장면이 그려진다.

쿠리바야시 장군의 이러한 전략은 적중했다. 미군을 상대로 승리할 수는 없지만, 일본 본토를 위해 최대한 시간을 끌겠다는 목표를 달성한 것이다. 길어야 일주일이면 섬을 점령할 것이라고 예상했던 미군은 전투가 한 달을 넘어가자 굉장히 당황했다. 심지어 약 7,000명 전사, 20,000명 부상이라는 막대한 인명 피해를 입으며 태평양 전쟁 중 유일하게 일본군(약 17,000명 전사, 1,200명 부상)보다 인명 피해가 더 많았던 전투로 기록되었다.

바로 다음에 치른 오키나와 전투에서도 미군은 엄청난 인명 피해를 겪으면서 일본 본토에 상륙하는 것이 어렵겠다는 생각을 하기 시작했다. 따라서 당시 개발 중이던 원자 폭탄을 투하하는 걸 진지하게 고려했고, 결국 히로시마와 나가사키의 원자 폭탄이 투하되면서 태평양 전쟁은 끝이 난다.

화산섬의 발달

이오지마를 포함해 일본 본토에 이르기까지 북태평양 주변 주요 섬들은 모두 화산 활동으로 만들어진 화산섬이다. 그렇다면 왜 화산섬들은 이 지역에 집중적으로 있는 것일까?

일본 본토와 이오지마가 속한 오가사와라 제도 등의 섬들은 모두 태평양 판과 필리핀 판의 경계에 자리한다. 판과 판이 만나는 경계에서는 판이 충돌해 하나의 판이 다른 판 아래로 섭입되는 현상이 나타난다. 이때 해저에서는 지각판이 녹으면서 마그마가 생성되고 지각의 틈이나 약한 부분을 뚫고 나오는 화산 활동이 반복된다. 이러한 과정을 통해 화산의 분출물이 쌓여 해수면 위로 솟아오르면 이오지마와 같은 화산섬이 나타난다.

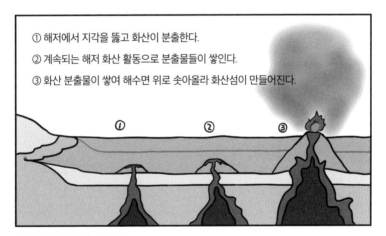

① 해저에서 지각을 뚫고 화산이 분출한다.

② 계속되는 해저 화산 활동으로 분출물들이 쌓인다.

③ 화산 분출물이 쌓여 해수면 위로 솟아올라 화산섬이 만들어진다.

화산섬의 형성 과정 모식도

태평양 판과 필리핀 판의 경계에서는 이러한 화산 활동이 활발해 여러 화산섬들이 모여 있다. 판의 경계를 따라 만들어진 화산섬들은 마치 줄을 선 것처럼 일렬로 자리해 있다. 일렬로 늘어선 화산섬들의 모습이 마치 활과 같이 곡선을 띄고 있어 '호상열도(island arc)'라고 부르기도 한다. 이오지마는 일본 본토 남부에 위치한 오가사와라 제도 중에서도 남쪽 세 개의 섬으로 이루어진 열도에 들어간다.

이오지마 전투는 또한 태평양 전쟁을 상징하는 사진이 찍힌 것으로
도 유명하다. 이 사진은 1945년 2월 23일 치열한 공방전 끝에 수리바
치산을 점령한 미국 해병대가 성조기를 세우는 모습을 찍은 것이다.
AP통신의 종군 기자인 조 로젠탈(Joe Rosenthal)이 찍은 사진으로 태
평양 전쟁에서 미국의 승리를 싱징하는 가장 대표적인 사진이 되었
다. 조 로젠탈 기자는 이 사진으로 퓰리처상을 수상했다.

　이 사진에는 사실 숨겨진 이야기가 있다. 이오지마에서 가장 높은
산인 수리바치산을 점령한 후 미국 해병대원들이 세운 이 성조기는 사

해병대원들에 의해 수리바치산에 게양되는 미국 성조기　　　　©Joe Rosenthal

실 최초로 꽂은 깃발은 아니었다. 더 큰 성조기로 바꾸기 위해 두 번째로 꽂은 깃발을 찍은 것이다.

그럼에도 불구하고 이 사진은 미국 해병대의 투혼을 상징하며 전후 지금까지 여러 곳에서 동상으로 제작되어 태평양 전쟁에서 거둔 미국의 승리를 기리고 있다. 당시 깃발을 세운 해병대원 6명 중 3명은 이오지마에서 전사했고, 나머지 3명은 생존했다. 전쟁이 끝난 후 살아남은 게양자들의 신원에 대해 여러 논란이 있었고, 2016년과 2019년에 실제 게양자의 신원이 밝혀지기도 했다.

이와 관련된 내용은 〈이오지마에 온 편지〉와 함께 제작된 클린트 이스트우드 감독의 〈아버지의 깃발〉이라는 영화에서 더 자세하게 그려진다. 일본군의 입장에서 그려진 〈이오지마에서 온 편지〉와는 다르게 미군의 입장에서 만들어진 〈아버지의 깃발〉이라는 영화도 함께 보는 것을 추천한다. 두 영화를 비교하면서 당시 이오지마라는 작은 화산섬에서 군인들이 느꼈던 감정을 간접적으로나마 느껴 보는 것은 어떨까?

Chapter 04

지리로
보는
자연
환경과
재해
이야기

만일 한반도에서
화산이 폭발한다면?

영화는 한반도 전역이 지진으로 흔들리면서 시작한다. TV에서는 긴급 속보로 백두산이 화산 폭발 지수 8의 규모로 폭발했다고 연일 보도한다. 폭발 지수 8이면 세계 최고 수치이다. 이윽고 지진은 잠시 멈췄지만 백두산 천지는 여전히 새빨간 용암이 부글부글 들끓고 있다. 하늘 위로는 검은 화산재가 치솟는다.

이것은 과연 영화 속 이야기이기만 할까? 실제로 백두산은 폭발할까? 결론부터 말하면 '폭발'할 수도 있다. 우리는 지금껏 한반도 땅에서 화산이 폭발하는 걸 직접 본 적이 없다. 그렇기 때문에 영화니까 가능한 가상의 일이라고 생각한다. 그러나 약 1000년 전 대한민국에서는 화산 폭발 지수 7의 규모로 백두산이 실제로 폭발했다.

화산 폭발 지수(Volcanic Explosivity Index)는 화산 폭발의 정도를 측정하는 지수를 말한다. 화산재의 분출량과 높이에 따라 0부터 8까지 총 9단계로 나뉜다. VEI 0은 화산 쇄설물의 양이 $10^4 m^3$ 이하로 화산 폭발이 없는 상태다. VEI 8은 화산 쇄설물 양이 $1000 km^3$ 이상이고 화산재의 분출 높이가 25km 이상인 폭발이다. 단계별로 분출된 화산 쇄설물의 양은 10배씩 차이가 난다.

과거 백두산 폭발과 유사한 폭발 규모에 어떤 일이 일어났는지 살펴보자. 1815년 인도네시아의 탐보라 화산이 폭발했을 때 폭발음이 수천 킬로미터 떨어진 지역까지 전해졌다. 엄청나게 많은 화산재가 하늘을 뒤덮어 전 세계 연평균 기온을 떨어뜨리기까지 했다. 이 여파

지수	폭발 특성	분출량	높이	사례
0	non-explosive 비폭발적	< 10,000m³	100m 이하	마우나로아 화산
1	gentle 소규모	> 10,000m³	100~1000m	스트롬볼리 화산
2	explosive 중간규모	> 1,000,000m³	1~5km	갈레라스 화산(1993)
3	severe 대규모	> 10,000,000m³	3~15km	코략스카야 화산
4	cataclysmic 매우 대규모	> 0.1km³	10~25km	몽펠레 화산(1902)
5	paroxysmal 초 대규모	> 1km³	25km 이상	세인트헬렌스 화산 (1980)
6	colossal 파국적	> 10km³		피나투보 화산(1991)
7	super-colossal 매우 파국적	> 100km³		탐보라 화산(1815) 백두산(946)
8	mega-colossal 초 파국적	> 1,000km³		토바 화산 (73,000년 전)

화산폭발지수(VEI)　　　　　　　　　　　　　　　　　　　　출처: 기상청

로 이듬해(1816)는 여름이 없었던 한 해로 기록되었다. 그리고 수만 명이 화산 폭발로 인한 기근, 질병으로 사망했다.

　1000년 전에 일어난 백두산의 폭발도 이와 비슷한 피해를 대한민국뿐만 아니라 전 세계에 끼쳤을 것이다. 백두산에서 분출된 화산재는 편서풍을 타고 일본 북부까지 날아가 쌓였다. 비슷한 시기에 해동성국으로 불리던 발해가 멸망한 것도 백두산 폭발 때문이라는 주장이

있다. 그러나 이것은 가설일 뿐이다. 안타깝게도 발해에 대한 정확한 역사적 사료가 많지 않아 확실한 것은 알 수 없다.

옛 문헌 속에서도 백두산 폭발에 대한 기록을 찾을 수 있다. 『고려사』 정종 원년(946년)의 기록을 보면 "이 해에 하늘의 북이 울려 죄를 용서하고 형벌을 면제하였다"라는 구절이 있다. 일본의 『흥복사연대기』 천경 9년(946년)에도 "하얀 화산재가 눈처럼 내렸다"라고 적혀 있다. 『조선왕조실록』에서도 100년 주기로 분화가 여러 차례 일어났다고 나와 있다.

그런데 오래된 문헌만 보고 백두산 폭발의 가능성을 심각하게 고민하는 사람은 거의 없을 것이다. 그러다 보니 우리는 '설마 백두산이 폭발하겠어?'라고 안심하고 있는 건지도 모른다.

백두산이 폭발할 수도 있다는 '과학적 증거'는?

좀 더 현실적인 징후들을 전문가의 의견을 토대로 살펴보자.

첫 번째는 지진이 더 자주 발생한다는 것이다. 2002년부터 2005년까지 백두산 천지 근처에서 지진이 3000여 회 이상 있었다. 지진 규모도 커져 사면에 틈이 생겨 갈라지고 산사태가 일어났다. 이것은 화산 아래에 여전히 뜨거운 마그마가 활발하게 움직인다는 의미다.

두 번째는 땅의 변형이다. GPS(Global Positioning System: 위성 항

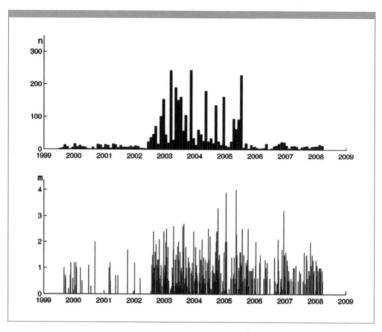

백두산의 지진 활동 및 규모 증가 그래프

출처: 윤성효, 이정현 「백두산 화산의 전조활동 분석 연구」 암석학회지, 2012

법 시스템)로 관측한 바에 따르면 2000년 이후에 천지 칼데라 정상부를 중심으로 지표면이 지속적으로 상승하고 하강했다. 이 역시 지하 마그마방의 압력이 변화하며 지표 내부가 팽창하고 수축하는 걸 반복한다는 뜻이다.

　세 번째는 온천수의 온도가 오르는 것이다. 온천은 지하수가 땅속 마그마로 데워져 땅 위로 솟아나는 샘을 말한다. 백두산 천지 주변에는 온천들이 무리 지어 있다. 그 온천들의 수온이 최근 지하에서 마그마의 활동이 활발해지면서 오르고 있다.

네 번째는 나무가 말라 죽는 현상이다. 병균이나 벌레 때문에 나무가 해를 입은 것이 아니라 땅 밑에서 올라오는 높은 농도의 화산 가스 때문에 말라 죽는 것이다. 유독한 성분이 포함된 화산 가스는 주변 생물들에게 치명적인 피해를 줄 수 있다.

이러한 현상들은 모두 백두산의 폭발을 암시하는 과학적인 증거들이다. 하지만 북한과 중국의 경계에 위치한 백두산에 대한 객관적인 관측 정보는 턱없이 부족하다. 따라서 언제, 어떻게 분화하고 한반도에 얼마만큼 영향을 줄지는 예측하기 어렵다. 단순하게 용암이 천천히 골짜기를 따라 흐를지 아니면 거대한 양의 화산재를 내뿜을지는 아무도 알 수 없다. 그러나 분화할 가능성이 충분하다는 걸 알면서도 지금 당장 일어난 일이 아니라고 무관심한다면 나중에 더 큰 피해를 입을 수 있다.

백두산 아래에 거대한 마그마방들이 정말 존재할까?

영화 속에서 화산이 폭발한 직후 지질 전문가와 고위 공무원들이 모여 국가 비상 대책 회의를 연다. 백두산 지하 지형도를 보며 "백두산에 있는 마그마방은 총 4개입니다. 최초 분화한 1번 마그마방을 제외한 나머지 3개도 순차적으로 폭발할 겁니다."라며 추정한다.

여기서 말하는 마그마방은 '마그마 체임버(Magma Chamber)'로 지하에 많은 양의 마그마가 들어 있는 장소를 말한다. 마그마방은 큰 화산의 지하로부터 수 킬로미터 아래에 있어 화산 활동을 일으키는 원인이 된다.

실제 백두산 아래에는 마그마방들이 있을까? 중국 당국은 지진파를 이용해 백두산 내부의 마그마방이 있는지를 확인하는 실험을 했다. 백두산 근처에서 인공 지진을 일으켜 백두산 아래를 통과하는 지진파를 분석한 결과, 그 속도가 다른 지역에 비해 느리다는 것을 확인했다. 이는 백두산 지하에 마그마방이 있음을 보여 준다.

마그마방은 고온에 녹은 지하의 암석인 마그마가 저장된 공간이다. 마그마방에 거대한 압력이 가해지거나 내부에 가스가 가득 찰 경우 지각의 약한 틈을 뚫고 마그마가 땅 위로 분출한다. 쉽게 말해 배 안에 가스가 차서 방귀가 나오는 원리와 비슷하다. 앞서 살펴본 백두산 폭발의 여러 전조 현상을 통해 마그마방이 활발하게 활동하고 있음을 알 수 있다.

최근에는 북한의 핵 실험이 인공 지진을 일으켜 백두산 지하의 마그마방을 자

백두산과 풍계리의 위치

극시킨다는 주장이 있다. 북한의 핵 실험장은 백두산 근처 함경북도 길주군 풍계리에 있다. 이곳에서 지진 규모 7에 해당하는 핵 실험이 진행될 경우, 마그마방이 받는 압력이 최대로 올라 마그마가 지표로 분출될 가능성이 높다는 주장도 있다.

그러나 아직 백두산 내부의 마그마방에 관한 연구가 거의 이루어지지 않았고, 핵 실험으로 인한 인공 지진의 진원은 깊이가 매우 얕아서 백두산의 화산 폭발 가능성을 추정하는 것은 다소 성급하다는 입장도 있다.

백두산이 폭발하면 서울은 어떻게 될까?

영화 초반부에 사람들의 휴대폰에서 일제히 긴급 재난 문자 알림음이 삐—익 울리면서 시선을 사로잡는 생생한 CG 장면이 나온다. 바로 백두산 폭발로 일어난 지진 때문에 순식간에 아수라장이 된 서울 강남의 모습이다. 자동차가 즐비한 도로 가장자리에서는 하수구의 맨홀 뚜껑이 솟구치고 초고층 빌딩은 맥없이 무너져 버린다. 주인공 인창은 임신한 아내를 구하기 위해 갈라지고 끊어지는 도로를 역주행하며 목숨을 건 질주를 한다.

실제 백두산이 폭발하면 영화처럼 서울이 지진으로 쑥대밭이 될까? 전문가의 의견에 따르면 그럴 확률은 적다고 한다. 지진은 큰 힘을 받은 지층이 끊어지면서 땅이 흔들리는 현상이다. 그 영향이 미치는 반경은 100km를 넘기 힘들다고 한다. 화산이 폭발할 때 마그마가 분출하는 길인 화도를 통과하면서 에너지가 대부분 소모되기 때문이다. 그 근거로 10세기에 벌어진 백두산의 강력한 '밀레니엄 분화' 사례를 들 수 있다.

백두산에서 북서쪽 140km 지점의 호수 퇴적물에 쌓인 당시 지층을 연구했는데 지진 영향이 발견되지 않았다. 한 전문가는 "만약 그렇게 큰 지진이 한반도를 강타했다면 당시 고려 수도 개성이 무너졌어야 한다. 그런데 그런 기록이 남아 있지 않다"라고 말했다.

다만 영화에 나오는 가상의 뉴스 내용처럼, 바람을 타고 날아오는 '화산재'로 인한 피해는 입을 수 있다. 화산재는 알갱이의 크기가 작은 회색의 화산 쇄설물로 손으로 만져 보면 밀가루처럼 부드럽다.

그럼 백두산 폭발로 생긴 화산재는 우리나라의 어디까지 영향을 줄까? 이것을 알기 위해서는 우리나라의 특색 있는 풍향을 알아야 한다. 먼저 대한민국은 지구의 중위도에 위치해 서에서 동쪽으로 편서풍이 부는 지역에 있다. 삼면이 바다로 둘러싸이고 한 면은 육지로 이어진 반도라서 육지와 바다의 비열차로 인해 계절풍의 영향을 받는다. 비열은 어떤 물질 1g의 온도를 1℃만큼 올리는 데 필요한 열량이다. 육지는 바다보다 비열이 작다. 육지는 빠르게 가열되고 식는 반면, 바다는 천천히 가열되고 식는다. 그래서 겨울에는 차갑고 건조한 북쪽의 대륙에서 북서풍이 불어오고, 여름에는 뜨겁고 습한 바다에서 남동·남서풍이 불어온다.

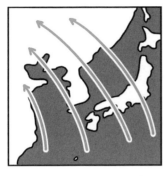 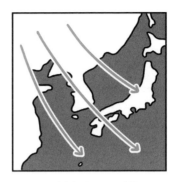

여름철 남동 및 남서 계절풍   겨울철 북서 계절풍

만약 시기상 서풍이 탁월할 경우, 동쪽으로 화산재가 확산될 가능성이 높다. 그럴 경우 대한민국 남쪽, 더 나아가 그 피해는 과거 '밀레니엄 분화'로 인해 일본 북부에 화산재가 쌓인 것처럼 일본 열도에도 영향을 줄 수 있다.

바람을 타고 빠른 속도로 날아가는 화산재는 우리 생활에 어떤 영향을 미칠까? 화산재가 하늘을 뒤덮으면 햇빛을 차단한다. 그 결과 지구의 온도가 떨어져 이상 기후가 나타날 수 있다. 또한 일조량이 부족해져 농작물은 잘 자라지 않고 시야 확보가 어려워 철도 운행과 도로 통행이 금지되고 공항이 폐쇄되는 등 교통이 마비될 수 있다.

영화 속 리준평이 오래전에 헤어졌던 딸과 재회하는 장면을 보면 폐허가 된 마을에 희뿌연 가루가 건물에 가득 쌓여 있다. 하늘에서는 계속 화산재가 떨어진다. 리준평은 그동안 고생했을 딸을 한참 바라보다가 이름을 물으며 다가선다. 몰라보게 자란 딸이 자신을 경계하며 말을 하지 않는다. 리준평은 어떤 생각이 들었을까? 화산재로 어

두워진 분위기가 그의 암울한 마음을 대변하는 것 같다.

화산재는 날카롭게 생긴 미세한 입자로 사람의 피부 조직과 호흡기를 손상시킬 수 있다. 또한 유리의 원료가 되는 성분이 들어 있어 높은 온도의 항공기 엔진에 화산재가 들어갈 경우에는 엔진 작동을 멈추게 할 수도 있다. 영화 속에도 백두산 폭발을 막기 위해 북한으로 향하던 비행기 2대 중 1대가 급상승하는 화산재의 규소 농도로 엔진이 타버려서 추락한다. 그러나 화산재가 나쁘기만 한 것은 아니다. 장기적으로 보면 화산재에는 식물 성장에 필요한 성분도 있어 땅을 기름지게 만들어 준다.

핵무기로 백두산 마그마방에 구멍을 낸다면?

영화에는 백두산 폭발에 대해 오래전부터 연구했던 강봉래 교수가 나와 "마그마방과 5km 이내 지점에서 TNT규모 600kt의 인위적인 폭발을 일으키면 3.8%의 확률로 마그마방의 압력을 최대 45%까지 낮출 수 있다"고 설명한다.

사람들이 잘 이해가 되지 않아 "그게 무슨 소리입니까?"라고 묻자 교수는 음료가 가득 찬 일회용 컵의 가운데를 볼펜으로 박력 있게 팍! 뚫는다. 그러자 컵 안에 든 내용물이 콸콸콸 쏟아져 나온다. 교수는 이처럼 핵무기로 지하 마그마방의 주변 지반을 붕괴시켜서 마그마방의 압력을 낮추면 끔찍한 대형 분화를 막을 수 있다고 주장하는 것이다.

백두산 마그마방의 압력을
낮추는 원리

이러한 원리는 실제 실현 가능할까? 전문가들은 이론상으로는 가능하나 매우 위험한 선택지라고 이야기한다. 핵무기를 써서 일으킨 인공 지진이 오히려 백두산 폭발을 더 자극할 수도 있기 때문이다. 그리고 지하의 마그마방이 어디에 있는지, 어느 정도 크기인지도 정확하게 모르는 상태이므로 무턱대고 핵무기로 마그마방에 통로를 뚫기도 쉽지 않다. 또한 방사능 유출 같은 문제도 생길 수 있다.

그러나 이와 비슷한 방식의 연구가 진행되는 곳도 있다. 바로 미국 옐로스톤 국립 공원의 슈퍼 화산 식히기 프로젝트다. 이곳은 지하 깊숙한 곳에 거대한 마그마가 들끓고 있어 여러 개의 간헐천과 온천이 있다. 엄청난 규모로 폭발 가능성이 큰 슈퍼 화산을 잠재울 수 있는 방안으로 마그마방에 구멍을 뚫고 물을 순환시켜 열을 방출하는 등 다양한 방안을 찾고 있다.

만약을 대비하는 자세

　영화에는 오랜 기간 백두산 폭발을 연구해 온 지질학 교수가 수차례 경고했는데도 이를 무시한 대한민국 정부가 나온다. 결국 백두산이 폭발하자 뒤늦게 민정 수석이 교수를 찾아와 재난을 피할 방법을 요구한다. 그러자 미국 시민권자인 교수가 자신은 어차피 떠날 사람이고, 대한민국에 미련이 없다고 날을 세워 말한다. 그리고 교수의 도움을 절실히 원하는 민정 수석을 향해 무책임한 정부의 태도를 비판한다.

　우리나라에는 현재 분화 활동을 하고 있는 화산은 없다. 그래서 많은 사람들이 대한민국에는 휴화산(休火山)과 사화산(死火山)만 있다고 생각한다. 그러나 국제적으로 통용되는 정의에 따르면 과거 10,000년 동안 분화했던 화산도 모두 활화산으로 분류한다. 따라서 백두산, 울릉도, 제주도 모두 활화산으로 봐야 한다는 주장이 있다. 그렇게 본다면 대한민국도 화산 활동이라는 자연 재해로부터 100% 안전하다고 볼 수 없다.

　재난이란 건 인간의 힘으로 예측할 수 없다. 신의 영역인 자연 재해를 우리는 그냥 넋 놓고 지켜봐야 할까? 아니면 1%의 가능성일지라도 포기하지 않고 우리가 살고 있는 소중하고 아름다운 터전을 지키려고 노력해야 할까? '최선을 바라되 최악의 경우도 대비하라'는 말처럼 섣부르게 예측하기 어려운 자연 재해일수록 피해를 최대한 줄이기 위한 종합적인 대책이 필요하다. 화산 주변의 지진 활동을 더욱 감시하고, 한반도 주변국과 공동 연구를 추진하는 등 극한의 상황까지 염두에 둔 재해 시나리오를 마련해야 할 때이지 않을까 싶다.

화구호와 칼데라호의 차이점은?

화산이 폭발하면 정상에 호수가 생긴다. 그 호수는 화구호와 칼데라호로 구분한다. 여기서 화구는 지하 깊숙이 숨어 있던 마그마가 지상의 용암이나 화산 가스로 뿜어져 나온 첫 출구를 말한다. 그 출구에 물이 고이면 화구호다. 대표적인 사례가 한라산 백록담이다.

한라산의 백록담
출처: 대한민국 문화재청

백두산의 천지
©Bdpmax

화구가 만들어진 후 다시 한 번 거대한 폭발이나 산 정상부의 함몰에 의해 2차적으로 생긴, 움푹 파인 솥 모양의 분지 지형이 칼데라다. 백두산 천지는 칼데라 바닥에 물이 고인 칼데라호다.

인간의 욕심이 만들어 낸
검은 바다

기름때로 뒤덮인 검은 바다

망망대해에 떠 있는 최첨단 석유 시추선 '딥워터 호라이즌'을 보며 BP사의 직원이 말한다. "신이 만든 것처럼 거대하고 근사하네요." 과학 기술의 눈부신 발달로 땅속 깊숙이 숨겨진 자원도 개발할 수 있고, 우리 삶도 한층 더 편리해졌다. 동시에 인간의 욕심도 끝이 없어졌다. 이 욕심이 어떻게 인류 역사상 최악의 기름 유출 사고를 만들었는지 영화를 통해 알아보자.

딥워터 호라이즌은 현대중공업에서 2001년에 제작한 121m×78m 크기의 반잠수형 해양 굴착 시설이자 시추선이다. 총 146명의 인원이 탈 수 있는데다가 축구장 크기의 갑판과 내부에는 영화관과 체육관이 있을 정도로 규모가 컸다. 스위스에 본사를 둔 세계 최대의 해양 시추 전문 업체인 트랜스오션(Transocean)이 소유한 시설이었고, 영국 석유 메이저 회사 BP(British Petroleum)에게 임대하는 중이었다.

딥워터 호라이즌의 폭발 사고는 2010년 4월 20일 미국 멕시코만에서 일어났다. 시추선이 폭발하면서 아파트 24층 높이만큼 불기둥이 치솟았다. 승조원 11명이 실종 혹은 사망했고, 17명이 중상을 입었다. 사고가 일어난 지 이틀 뒤 시추선은 해저로 침몰했다. 그런데 이 과정에서 시추 파이프에 구멍이 생겨 원유가 계속 유출된 것이다.

순식간에 사고가 일어난 해역 주변은 기름띠로 뒤범벅되었다. 해류와 조류로 인해 루이지애나주 해변부터 플로리다주까지 서에서 동쪽으로 빠르게 기름띠가 퍼져 나갔다. 해저 1,600m 시추공에서 적어도

딥 워터 호라이즌 원유 유출 사고 위성 사진 　　　　　　　　　　　　　　©NASA

끈적한 기름에 온몸이 젖은 펠리컨 　　　　　　©Louisiana GOHSEP

원유 5억 1,800만 리터가 유출되면서 인근 해양 생태계가 심각하게 오염되었다. 이것은 대한민국의 태안반도 기름 유출 사고와 비교해도 50배가량 큰 규모다.

기름이 유출되면 해양 생태계에 어떤 악영향을 끼칠까? 이 지역은 다양한 생물들이 살고 있는 미국의 대표적인 연안 습지 보호 구역이다. 특히 루이지애나주를 대표하는 새인 펠리컨의 집단 서식지이기도 하다. 그러나 기름띠가 삽시간에 해안을 덮치면서 펠리컨의 하얀 깃털은 끈적끈적한 기름으로 시커멓게 변해 버렸다. 털에 기름이 묻자 방수성과 보온성이 떨어지면서 수많은 펠리칸들이 저체온으로 죽고 말았다. 그뿐만이 아니다. 기름이 바다 표면에 얇은 막을 만들어 햇빛과 산소를 차단해 버려, 수중 생물들의 중요한 식량 자원인 플랑크톤이 자라기 어려워졌다.

예측 가능했던 인재, 왜 우리는 막지 못했나?

끔찍한 사고가 일어난 후 딥워터 호라이즌의 엔지니어 팀장 마이크는 재판장에 서게 된다. 진실만을 말할 것을 맹세하며 그는 그날의 상황을 솔직하고 상세하게 설명한다.

"9시 30분쯤 아내와 통화하면서 공기 새는 소리가 들렸습니다. 엔진 소리도 점점 커졌고, 설명하기 어려울 정도로 공기 새는 소리가 커졌습니다. 몇 초 후에 거대한 폭발이 있었습니다. 파편이 사방으로 튀었고 뜨거운 열기가 덮쳐 왔습니다."

딥워터 호라이즌의 경보 체계가 어땠냐는 질문에 그는 다음과 같이 답변한다.

"시추선 전체에 울리는 경보 체계는 1번 화재, 2번 가연 가스, 3번 독성 가스입니다. 서로 다른 경보음과 경보등을 사용합니다."

그 경보음을 들었냐는 질문에 마이크는 듣지 못했다고 말한다. 경보음을 듣지 못한 이유를 묻자 그는 아무런 대답을 할 수 없었다. 왜냐하면 마이크는 이미 알고 있었기 때문이다. 이번 일이 예견되었다는 것을.

이전부터 딥워터 호라이즌에서는 화재와 사고가 여러 번 있었다. 그럼에도 불구하고 BP사는 일정이 연기되어 생기는 손해를 줄이기 위해 안전 검사도 제대로 받지 않았던 것이다. 결국 바다 위의 거대한 요새, 딥워터 호라이즌은 폭발해 바다 아래로 사라졌다. 여러 차례 위험을 감지했음에도 '나는 괜찮을 것', '아무렇지도 않을 것'이라는 안일한 생각이 이 끔찍한 비극을 초래한 것이다.

사실 딥워터 호라이즌과 같은 거대한 기름 유출 사고는 이전에도 있었다. 주로 유정이 폭발하거나 유조선이 충돌 혹은 이동하다 사고가 일어났다.

우리나라에서도 최악의 해양 오염 사례가 있다. 바로 2007년 12월 7일에 일어난 태안 기름 유출 사고다. 정박해 있던 유조선과 해양 크레인이 충돌하여 바다에 기름이 유출되었다. 기름은 빠른 해류와 조류를 타고 널리 퍼지고 말았다. 이 사고로 태안 앞바다가 이전 모습으로 돌아가는 데 많은 시간이 걸릴 거라 예상했지만 전국에서 모인 수많은 자원 봉사자들 덕분에 현재 태안은 본래의 모습을 되찾았다.

공룡은 죽어서 석유를 남긴다?

요란한 알람 소리에 깬 마이크. 아내는 간밤에 악몽을 꾸었다고 말한다. 마이크는 아무 일 없을 거라며 놀란 아내를 달래고 아침 식사를 준비한다. 식탁 위에서 유치원에 다니는 딸은 '아빠의 직업'을 주제로 발표 연습을 한다.

"나의 아빠는 시추선에서 일하고 바다 밑에서 석유를 퍼올립니다. 이 석유는 원래 나쁜 공룡들이었어요. 오랜 세월 쪼그라들고, 쪼그라들고, 쪼그라들어서 지구의 땅과 바다에 눌려 갇혀 버린 것입니다."

정말 석유는 공룡들이 오랜 시간 높은 열과 압력을 받아서 만들어졌을까? 석유는 깊은 땅속에 묻힌 동식물이 오랜 세월 굳어져 생긴 화석 연료(Fossil Fuel) 중 하나이다. 그럼 동식물의 유해가 공룡이 맞을까?

사실 공룡은 죽어서 석유를 남기지 않는다. 이러한 잘못된 인식은 18세기 러시아의 과학자 미하일 로모노소프(Mikhail Vasilyevich Lomonosov)의 '죽은 공룡 가설'에서 시작되었다. 이 가설은 석유가 만들어진 시기가 공룡들이 번성한 중생대라는 점과 유기물층 성분이 변한 탄화수소 화합물이라는 점 등에서 설득력을 얻었다.

정유회사 싱클레어의 로고

많은 사람들에게 '공룡이 곧 석유다'라는 이미지가 각인될 수 있었던 건 미국의 정유 회사인 싱클레어의 공룡 마케팅 덕분이다. 회사 로고에 공룡 아파토사우루스(Apatosaurus)를 집어넣고 공룡 전시회를 후원하는 등의 마케팅을 펼쳐 석유가 공룡에서 기원했다는 오해가 널리 퍼졌다.

공룡은 왜 석유가 아닐까? 공룡이 석유가 되려면 많은 양의 생물 사체가 산소가 차단된 상태에서 한 장소에 퇴적되어야 한다. 하지만 공룡이 죽으면 대기 중 산소와 접촉하여 빠른 속도로 부패가 진행되기 때문에 산소 없이 퇴적되기는 어렵다. 또한 특정 지역에 많은 공룡들이 동시에 죽는다는 것 역시 확률적으로 매우 낮다.

그럼 도대체 석유는 어떻게 만들어진 걸까? 석유는 자연 발생적으로 존재하는 다양한 탄화수소들의 액체 혼합물이다. 정확하게 밝혀진 바는 없지만 이러한 탄화수소의 생성 과정과 관련해 크게 두 가지 가설이 있다.

첫째, 무기 기원설은 지구 내부에 있는 금속 탄화물이 지표로 스며든 물과 고온, 고압에 의해 화학 반응을 일으킨다고 본다. 그러나 이 가설은 지구 중심부에서 공급되는 금속 탄화물이 어디로부터 왔는지, 그리고 그 양에 대한 합리적인 근거를 제시하지 못했다는 한계가 있다.

둘째, 유기 기원설은 플랑크톤, 해조류와 같은 작은 해양 유기물이 산소가 차단된 상태에서 퇴적되어 오랜 시간 고온 및 고압을 받았다고 본다. 현재 많은 양의 석유가 생산되는 중동(Middle East : 서남아시아와 북부아프리카 일대)이 과거 풍부한 해양 유기물이 퇴적된 바다(Tethys Sea) 근처였다는 점이 유기 기원설을 뒷받침한다.

이렇게 여러 가설이 있지만 석유가 흩어지지 않고 한 장소에 고여 있으려면 단지(항아리)가 필요하다. 그게 바로 산봉우리처럼 볼록하게 올라간 배사 구조의 트랩(Trap)이다. 트랩은 근원암, 저류암, 덮개암이 반드시 있어야 한다. 근원암은 유기물을 석유 또는 천연가스로 바꿔 준다. 근원암에서 생성된 석유는 스펀지처럼 틈이 많고 푹신한 저류암에 스며든다. 그리고 촘촘한 구조의 덮개암은 석유가 더 이상 빠져나가지 않도록 돕는다.

이러한 여건이 갖추어져야 석유가 만들어진다. 많은 사람들이 대한민국은 기름이 한 방울도 나지 않아서 에너지를 아껴 써야 한다고 알고 있다. 하지만 이 말은 반은 맞고, 반은 틀리다. 대한민국은 에너지의 97%를 수입해서 쓴다. 에너지 자원이 절대적으로 부족한 것은 사실이다. 왜냐하면 고생대 말부터 육지였던 한반도에서는 앞서 이야기했듯이 석유의 근원이 되는 해양 유기물의 퇴적이 어렵기 때문이다.

하지만 석유가 한 방울도 나지 않는 것은 잘못된 정보다. 2004년 울산시에서 동쪽으로 58km 정도 떨어진 지점에서 원유와 천연가스를 생산해내며 한국은 95번째 산유국으로 기록됐다. 석유 공사는 해저 관로를 통해 원유와 천연가스를 육상으로 운반한다. 그 후 정유 공정을 거쳐 울산, 경남 지역의 31만 가구에 도시가스를 공급하고 있다. 하지만 동해 가스전이 조만간 고갈될 위기에 있어 국내 대륙붕을 탐사해 추가 자원을 개발해야 한다.

석유는 주로 어디에 있을까?

가족과 단란한 시간을 보낸 마이크는 다시 헬기를 타고 멕시코만 한가운데에 떠 있는 거대한 시추선 딥워터 호라이즌으로 돌아간다. 멕시코만은 미국, 멕시코, 쿠바로 둘러싸인 바다다. 이곳은 바다가 육지 안으로 움푹 들어와 있는 형태이며 대서양과 카리브해와 연결되어 있다.

멕시코만과 대서양을 잇는 플로리다 해협 부근에는 넓고 평탄한 대륙붕이 펼쳐져 있다. 대륙붕은 바닷속에 있는 대륙 지각의 일부로 강물이 유입되어 좋은 어장이 만들어지고 막대한 양의 석유와 천연가스가 저장되어 있다.

멕시코만 외에 또 다른 석유 매장지를 찾아보자. 전 세계에 걸쳐 고르게 매장된 석탄과 달리 석유는 특정 지역에만 치우쳐 분포한다. 대표적인 곳이 사우디아라비아, 이란, 러시아, 나이지리아 등이다. 오늘날 가장 많이 쓰는 자원인 석유가 특정 지역에만 있다 보니 생산지

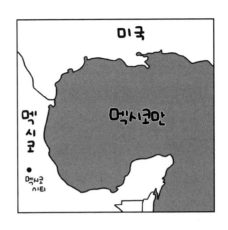

와 소비지가 달라 국제적으로 이동을 많이 한다.

그럼 원유는 어떻게 다른 나라로 이동할까? 주로 유조선에 실어서 바다로 운반된다. 굳이 왜 운송 시간이 긴 배를 쓸까? 그 이유는 다른 운송 수단에 비해 배가 많은 물량을 싣고 먼 거리를 가기에 유리하기 때문이다.

배는 많이 실을 수 있긴 하지만 속도가 느리다. 이 단점을 극복하려면 최대한 이동 거리가 짧아야 한다. 이 거리를 좌지우지하는 중요한 길목이 있다. 바로 페르시아만의 호르무즈(Hormuz) 해협과 수에즈(Suez) 운하다.

먼저 호르무즈 해협은 페르시아만과 오만만을 연결하는 좁고 긴 바다이다. 북쪽으로는 이란, 남쪽으로는 아랍에미리트에 둘러싸였다. 중동에서 생산되는 대부분의 석유는 이 해협을 통과해야 아시아로 갈 수 있다. 이곳은 오랫동안 아부무사 섬과 툰브 섬의 영유권을 두고 이란과 아랍에미리트가 대립하는 분쟁 지역이다. 많은 유조선들이 지나

가는 항로로 매우 중요한 경제적 가치를 지닌 전략적 요충지다. 현재 이란이 실효적으로 지배하고 있으며 이 해협을 오가는 선박들을 통제한다.

두 번째로 수에즈 운하는 지중해와 홍해, 인도양을 연결하여 중동의 석유를 유럽으로 보내는 통로다. 수에즈 운하가 폐쇄될 경우 페르시아만에서 채굴한 석유는 아프리카 남단의 희망봉을 돌아서 가야 한다.

수에즈 운하는 기원전 고대 이집트 때부터 건설되었다. 이집트 왕 네코 2세는 나일강의 하류인 삼각주 유역에서 교역이 늘자 나일강과 홍해를 잇는 운하를 만들 필요성을 느꼈다. 하지만 "운하가 완성되면 적들이 유리하게 사용할 것이다"라는 신탁 때문에 공사를 중단한다.

수에즈 운하에 좌초한 에버기븐호 ⓒNASA

이후 이집트를 정복한 페르시아 다리우스 1세가 운하의 공사를 마무리 짓고 약 1000년 동안 운하의 파괴와 재건이 반복된다.

유럽의 제국주의가 팽창했던 19세기 말 이집트 주재 프랑스 외교관이었던 레셉스가 수에즈 운하를 건설하는 임무를 맡아서 1869년 11월 17일에 운하를 개통했다. 현재 수에즈 운하는 모든 외국 선박에게 개방된 국제 운하로 자유로운 통행이 보장된다. 운하 관리국인 이집트는 이곳을 통해 막대한 통행료를 벌어들이고 있다.

세계 해운의 대동맥이라고 불리는 수에즈 운하가 막힌다면 어떤 일이 생길까? 2021년 3월, 초대형 컨테이너선 에버기븐(Ever Given)호가 수에즈 운하 한가운데 좌초되었다. 뱃머리가 제방에 박혀 뒤따르던 배 4백여 척까지 발이 묶여 한순간에 전 세계 물류 공급이 마비되었다. 일주일 만에 통항이 재개되었지만 하루 평균 몇백 억의 손해가 생겼다. 특히나 석유 운송에 차질이 생겨 국제 유가가 오르는 등 세계 경제에 큰 영향을 미쳤다.

검은 물이
검은 황금이 되기까지

고대인들에게 석유는 정체를 알 수 없는 검은 물에 불과했다. 기원전 메소포타미아 지역에서는 조각상을 만들거나 건축물의 접착제로 석유를 사용한 기록이 있다. 고대 이집트에서는 미라를 싸는 천에 바르는 등 방부제로 이용했다. 본격적인 석유 산업은 1859년 미국 펜실 베니아의 석유 시추에서 시작되었다. 당시 램프의 불을 밝히는 데 쓰던 비싼 고래 기름은 값싼 원유로 대체되었다. 이후 자동차 산업이 발전하면서 석유의 가치는 엄청나게 뛰어오른다. 그렇게 석유는 검은 황금이 되었다.

석유 산업은 원유의 생산, 수송, 정제, 판매하는 모든 과정을 말한다. 이 중 땅속 깊은 곳의 원유를 찾아 생산하는 것을 상류 부분이라고 한다. 생산된 석유를 운송 및 저장하는 것을 중류 부문이라고 하며, 이를 정제 및 판매하는 것을 하류 부문이라고 한다.

영화는 이 중 상류 부문을 다룬다. 이 부문은 인공 지진파로 땅속의 배사 구조(습곡 작용을 받아 지층이 볼록하게 올라간 부분)를 찾은 후 바

석유 산업의 구조

닷속 깊은 곳에 길고 튼튼한 철제 파이프를 여러 개 연결하여 석유 시추를 한다. 이때 암석과 파이프를 시멘트로 잘 붙여야 심해의 높은 온도와 압력을 잘 견딜 수 있다.

그러나 딥워터 호라이즌으로 시추할 때는 유정의 폭발을 막을 수 있는 시멘트가 잘 굳었는지 제대로 검사하지 않았다. 시간이 지체되면 그만큼 비용이 더 들기 때문에 검사를 제대로 하지 않은 것이다. 영화 속 시추 시설의 총책임자 지미는 시멘트가 부실하면 유정이 폭발할 수 있다고 대형 석유 회사인 BP 본사 임원들에게 재차 강조한다.

"내 할아버지랑 똑같네. 우리 할아버지는 평생 치과를 다니지 않았어요. 문제 생기면 돈 들어갈까 봐요. 검사비가 얼마죠? 12만 5천 달러요? 1,800억 달러짜리 회사치고는 구두쇠군요."

지미의 말에 BP 본사 임원 돈은 뻔뻔하게 대꾸한다.

"그러니 1,860억 달러짜리 회사죠. 푼돈도 걱정하니까."

할 말을 잃게 만드는 거대 기업의 치졸한 이윤 추구에 지미는 마지막 제안을 한다.

"나는 시추선을 걱정합니다. 내 직원들의 생계니깐요. 당신들은 빌린 것입니다. 시멘트 검사를 안 할 거면 일단 작업을 중지하고 부압 검사라도 합시다."

돈은 마지못해 이 제안을 수락하면서 바로 시추관 부압 검사를 실시한다. 검사 결과, 압력이 끝없이 치솟았다. 하지만 돈은 시추 이수가 역류하지 않았다며 압력 주머니가 시추관 센서 주변에 모여 있어 시스템 오작동을 시킨다고 주장한다. 시추관 대신 작동 중지관으로 검사를 진행할 것을 요구한다.

중지관의 압력은 정상으로 나와 지미는 어쩔 수 없이 시추 이수 작업을 승인한다. 작업이 끝나면 예상보다 일찍 집으로 돌아갈 수 있다는 생각에 신이 난 승조원들. 하지만 그 순간 시추관의 압력이 빠르게

슈퍼 메이저와 세계 3대 유가

세계 석유 산업을 주도하는 회사는 크게 국영 석유 회사와 슈퍼 메이저가 있다. 국영 석유 회사는 전 세계에서 석유 소비가 늘어나고 자원 민족주의가 전개되면서 중동을 포함한 비서구권에서 나타났다. 여기서 자원 민족주의란 천연자원을 소유한 국가가 자국의 이익을 위해 자원의 가격을 인상하는 등 자원을 무기로 삼아 휘두르는 현상을 말한다.

이에 맞서 슈퍼 메이저는 90년대 후반에 주요 석유 회사들이 합병하여 대량 생산을 통한 이익을 추구하고자 등장했다. 그 결과 오늘날 슈퍼 메이저는 미국의 엑슨모빌(ExxonMobil)과 쉐브론(Chevron) 그리고 코노코필립스(ConocoPhillips), 영국의 BP, 네덜란드의 로열더치쉘(Royal Dutch Shell)이 있다. 슈퍼 메이저는 자원 탐사 및 개발부터 정제 및 유통에 이르기까지 비약적으로 성장하고 있다.

이렇게 생산된 석유의 가격을 유가라고 한다. 단위는 배럴(약 160리터)당 몇 달러 식으로 표기한다. 배럴은 부피를 나타내는 단위로 와인이나 위스키를 보관했던 가운데가 볼록한 오크통에서 유래했다.

국제 원유 시장에서 여러 종류의 원유가 거래되지만 가격이 가장 투명하게 정해지는 3대 원유로 미국 서부 텍사스와 오클라호마 지역에서 생산되는 'WTI', 영국 북해에서 생산되는 '브렌트유', 중동 아랍에미리트의 두바이 인근에서 생산되는 '두바이유'가 있다.

오르면서 시추 이수가 역류하고 폭발한다. 하늘로 치솟은 진흙과 함께 원유가 마구 솟구친다. 가스까지 누출되면서 딥워터 호라이즌은 삽시간에 화염에 휩싸이고 만다.

과연 이 재앙은 누구의 잘못일까? 다시는 이런 비극이 반복되지 않도록 우리 모두 안전사고에 대한 인식이 둔감한 건 아닌지 되돌아봐야 할 것이다.

기후 위기는
이제 미래의 일이 아니다

지구가 따뜻해지면
빙하기가 찾아온다고?

우주 비행사가 우주 정거장에서 지구를 경이로운 눈빛으로 내려다 보며 "자네, 저렇게 깨끗한 지구를 본 적이 있나?"라고 묻는다. 6주 간의 대 재앙이 휩쓸고 지나간 지구. 인간의 활동이 멈추자 지구는 비로소 본래의 아름다운 모습을 되찾았다. 이것은 역설적으로 우리가 지구라는 삶의 터전을 얼마나 많이 파괴했는지 알려 준다. 인간의 이기심이 지구를 어떻게 파괴해 가는지 영화를 통해 살펴보자.

꽁꽁 얼어붙은 남극 대륙 한복판에서 빙하 코어 샘플을 채취하던 잭 홀 박사와 동료들. 시추 드릴이 깊숙이 박히는 순간, 빙하에 균열이 생기고 삐그덕 소리와 함께 끝이 보이지 않는 깊이의 크레바스가 모습을 드러낸다.

어렵게 얻은 빙하 코어 샘플을 포기할 수 없었던 잭은 목숨을 걸고 크레바스(Crevasse : 빙하가 갈라져서 생긴 좁고 깊은 틈) 사이를 점프하며 우여곡절 끝에 동료들의 도움으로 샘플을 챙긴다. 하지만, 시추 드릴 만으로는 생길 수 없는 거대한 남극 빙하의 붕괴를 두 눈으로 직접 목격한다.

잭이 목숨을 걸고 얻어 낸 '빙하 코어'는 두꺼운 빙하를 뚫어 뽑아 낸 얼음 기둥이다. 이 얼음에는 지구의 기후 변화 역사가 담겨 있다. 빙하는 오랫동안 눈이 쌓여 단단하게 굳어진 거대한 얼음덩어리이다. 때문에 빙하의 아래쪽은 오래전에 내린 눈이 만든 얼음이다. 이 안에는 과거 대기의 공기 방울이 함께 냉동되어 이산화탄소와 메탄 등 온실 기체를 측정하여 지구의 기온을 추정할 수 있다.

그렇기 때문에 고기후의 자료를 복원하는 것은 매우 중요하다. 오늘날 전 세계 곳곳에서 일어나는 기상 이변 현상의 원인과 발생 주기 등을 파악하는 데 중요한 역할을 하기 때문이다. 고기후(Paleoclimatology)는 과거 지질 시대의 전반적인 기후 상태를 말한다. 관측 기기가 없었기 때문에 당시의 기후 변화를 알기 위해서는 빙하 코어 외에도 해양 퇴적물의 산소 동위원소 분석, 나무의 나이테, 꽃가루 분석 등 다양한 방법을 쓴다.

산소 동위원소 분석은 산소의 질량을 통해 기후를 파악한다. 기후가 온난할 때는 질량이 무겁든 가볍든 모두 잘 증발하지만, 기후가 한랭하면 질량이 무거운 산소는 증발이 약해져 대기 중 산소 비율이 감소한다. 나무의 나이테 간격은 온도와 습도에 따라 성장이 달라진다. 가뭄이나 추위가 심할 경우 나이테의 간격은 매우 촘촘해진다. 꽃가루 분석은 습지나 늪에 살던 식물들이 썩어서 쌓인 토양의 꽃가루를 통해 퇴적될 당시의 생태 환경을 추정하는 방법이다.

다시 영화로 들어가 보자. 한편 인도 뉴델리에서 열린 '지구 온난화 유엔 대책 회의'에서 잭은 빙하 코어를 분석해 만 년 전 빙하기의 증거를 찾았다고 발표한다. 잭은 빙하에 축적된 높은 온실가스의 농도를 통해 그 당시 지구의 기온이 높았고 이로 인해 빙하기가 찾아왔다고 주장한다.

온난화가 어떻게 기후 냉각을 가져올까? 얼핏 봐서는 앞뒤가 안 맞다. 지구가 따뜻해지는데 도리어 빙하기가 찾아온다니? 잭은 이 인과관계를 '해류 순환'을 통해 설명한다. 잭의 가설은 이렇다. 지구 온난화로 빙하가 녹으면 막대한 양의 차가운 담수가 바다로 들어간다. 그러면 태양열을 운반하는 북대서양 난류가 차가워져서 따뜻한 기후가 사라진다는 것이다.

　잭의 주장이 사실일까? 이것을 알기 위해서는 지구의 열수지를 이해해야 한다. 태양 주위를 도는 둥근 지구를 위도별로 살펴보면 적도지방은 열과잉 현상, 극지방은 열부족 현상이 나타난다. 태양 복사에너지와 지구 복사에너지가 평형을 이루는 '열수지'가 되려면 적도 지방의 열이 극지방으로 이동해야 한다. 이때 열을 옮기는 기구가 '대기

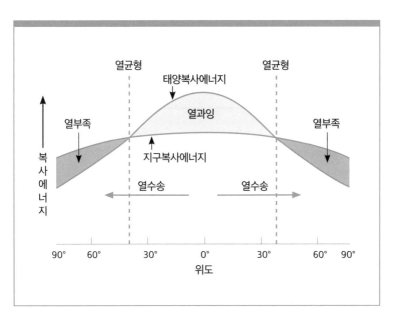

지구의 열수지

와 해양의 대순환'이다.

이 중 해류 대순환은 표층과 심층의 대순환으로 구분된다. 표층의 경우 무역풍이나 편서풍과 같은 탁월풍이 열에너지를 운반하지만, 심층은 온도와 염분으로 인한 밀도 차에 의해 열 교환이 일어난다.

심층 순환이 일어나는 과정을 아래 그림과 함께 자세히 살펴보자. 먼저 극지방에서 냉각되어 수온이 낮고 염분이 높아진 바닷물이 무거워져 가라앉는데. 가라앉은 심층 해류가 해양 바닥을 따라 적도 쪽으로 서서히 움직이다가 따뜻해지고 가벼워지면서 표층으로 올라온다.

그런데 지구 온난화로 극지방의 거대한 빙하가 녹으면서 이러한 순환에 이상이 생길 수 있다. 기온 상승으로 극지방의 빙하가 녹아 바다로 흘러들어 가면 바닷물의 염분 농도가 낮아져 심층수가 만들어지지 않기 때문이다. 이럴 경우 지구의 바다를 돌고 도는 해류 순환이 약해진다. 그로 인해 고위도 지역으로 전달되는 열이 줄어들어 마침내 지

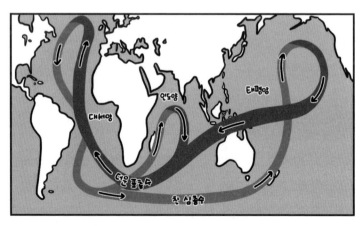

해양 컨베이어 벨트

구 전체를 냉각시키는 결과로 이어질 수 있다.

잭의 주장처럼 멕시코만에서 북서 유럽으로 비교적 따뜻한 물을 옮기던 북대서양 해류가 점차 약해져 유럽의 온화한 기후를 한랭한 기후로 바꿀 수도 있다. 영화에서 스코틀랜드 헤드랜드 기상센터에서 관측하는 해상 부표의 온도가 급격하게 떨어지는 부분을 반복해서 보여 주며 잭의 가설을 과학적으로 뒷받침해 준다.

각기 다른 시선으로 지구 온난화를 바라보는 여러 나라들

잭의 연설을 듣던 각 국가의 대표들은 언제쯤 그런 일이 일어날지 묻는다. 잭은 백 년 뒤나 천 년 뒤라고 답한다. 아직 먼 미래의 일이지만 확실한 건 아무런 노력도 하지 않으면 우리 후손이 대가를 치를 것이라고 경고한다.

그러자 미국의 부통령이 "교토 협약 비용은 누가 대죠? 수천억 달러의 비용이 들 거요."라고 퉁명스럽게 이야기한다. 이 말을 들은 잭은 방관하는 대가는 더 클 것이라고 강력하게 말한다. 하지만 부통령은 환경만큼 경제도 위기라며 잭의 충고를 외면해 버린다.

지금 기후 위기 상황이라는 걸 모든 국가가 알고 있지만 어떤 노력을 해야 할지에 대해서는 국가마다 입장이 다르다. 정치적 상황과 경제적 수준 등에 따라 노력의 정도가 달라진다. 급속한 산업화를 이루며 이제 막 경제 성장에 박차를 가하는 개발도상국들은 산업 혁명 이후 오늘날까지 막대한 양의 이산화탄소를 배출하고 있는 선진국의 잘못이 크다고 볼 것이다. 저개발 국가는 기아와 빈곤에 시달리는 상황이라 기후 위기의 책임을 따질 여유도 없다.

그럼 선진국은 어떨까? 실제 미국은 2018년 기준 이산화탄소 배출량이 전 세계 2위임에도 불구하고 2019년 트럼프 행정부에 의해 파리 협정을 공시 탈퇴했다. 트럼프 대통령은 파리 협정으로 환경 규제가 엄격해지면서 미국 내 수많은 제조업 공장들이 문을 닫았고 노동자들은 한순간에 일자리를 잃게 되었다고 주장했다.

특히 트럼프 대통령의 핵심 지지층은 러스트 벨트(Rust Belt : 오대호 인근의 전통적인 제조업 공업 지대)의 백인 노동자층이었는데, 온실가스를 마구 뿜어 대는 자동차, 철강 공장에서 일하는 그들을 위해서라도 석유와 석탄의 소비량을 줄여서는 안 되었다.

이러한 정치적 이유로 트럼프 대통령의 선거 슬로건인 "America First(미국 최우선주의)"처럼 경제 성장이 기후 위기보다 먼저임을 강조했다. 이와 같은 미국의 책임 회피는 국제 사회로부터 맹비난을 받았다.

그러나 2020년 조 바이든이 제46대 미국 대통령으로 당선되면서 "America is back(미국이 돌아왔다)"이라는 선언과 함께 파리 협정 재가입을 공식화했다.

기후 변화를 해결하기 위한 약속

기후 변화에 대해 이해하려면 먼저 기상과 기후를 구분해야 한다. 기상은 짧은 시간 동안의 대기 상태로 흔히 오늘 햇빛이 쨍쨍할지, 비나 눈이 내릴지 등 날씨를 뜻한다. 반면 기후는 오랜 시간 동안 일정하게 나타나는 종합적인 대기 상태를 말한다. 기후 변화는 이러한 평균적인 상태가 변화하는 것으로 홍수나 가뭄, 폭염과 같은 비정상적인 기상을 일으킨다.

기후 변화의 요인은 크게 자연적인 요인과 인위적인 요인으로 나뉜다. 자연적 요인에는 태양의 활동 변화, 화산 분화, 태양과 지구의 천문학적인 상대 위치 변화 등이 있다.

인위적인 요인은 산업 혁명 이후에 석탄, 석유 같은 화석 연료를 많이 사용하면서 온실가스 배출량이 늘어나는 것이다. 현재 온실가스 농도가 급격히 올라 지구 평균 기온이 높아지는 '지구 온난화'가 더욱 빨라지고 있다.

이러한 기후 위기를 극복하기 위해 국제 사회는 오래전부터 노력해 왔다. 온실가스를 줄이기 위해 1992년 브라질 리우에서 기후 변화 협약이 최초로 채택되었다. 1997년에는 구체적인 계획과 의무들을 명시한 교토 의정서가 채택되었다.

2015년 프랑스 파리에서 열린 제21차 국제연합 기후 변화 협약 당사국 총회에서는 2020년 이후의 기후 변화 대응을 담은 파리 협정을 채택했다. 이 약속들을 지키려면 여러 나라들의 실천과 협력이 필요하다. 선진국들은 역사적 책임감을 갖고 적극적으로 대응해야 하고 개발도상국들도 점진적으로 약속을 이행해야 한다.

	교토의정서	파리 협정
개최국	일본 교토	프랑스 파리
채택	1997년 12월	2015년 12월 12일
적용시기	2008~2020년	2020년 교토의정서 만료 이후
참여국가	주요 선진국 37개국과 유럽연합(EU)	개발도상국 포함 198개국
목표	선진국의 온실가스 감축	모든 당사국의 온실가스 감축
징벌 방식	징벌적	비징벌적
우리나라	감축 의무 부과되지 않음	2030년 배출전망치 대비 37% 감축

유례없는 기상 이변의 연속, 가능할까?

영화에서는 '유례없는' 자연 재해가 세계 곳곳에서 연속적으로 발생한다. 겨울철에 온화한 기후가 특징인 인도 뉴델리에서는 눈이 계속 내리고 일본 도쿄의 하늘에서는 엄청난 크기의 우박들이 갑자기 쏟아지면서 전선이 끊어지고 자동차가 순식간에 부서진다. 미국 LA에서는 강력한 회오리바람인 토네이도가 할리우드 간판을 산산조각낸다. 잭의 아들 샘은 퀴즈 대회에 참여하기 위해 뉴욕으로 가던 중 비행기 안에서 끔찍한 난기류를 만나고, 뉴욕에 도착해서는 홍수와 한파를 경험한다.

상황이 심각해지자 NOAA(National Oceanic and Atmospheric Administration)은 긴급회의를 연다. 현재 일어난 재난을 태양의 활동과 관련지으려고 했으나 NASA(National Aeronautics and Space Administration)에서 온 박사는 태양의 방출량이 정상이라고 한다. 이로 인해 잭의 가설이 힘을 얻게 된다.

결국 슈퍼컴퓨터를 48시간 사용해 고기후 모델을 시뮬레이션한다. 밤샘 연구 끝에 충격적인 결과가 나오는데, 6주 동안 지구는 끔찍한 재앙과도 같은 기상 이변을 겪게 된다는 것이었다. 이렇게 짧은 시간에 극심한 기후 변화가 발생할 수 있을까? 전문가들의 의견에 따르면 6주는 너무 과장된 시간이라고 한다. 하지만 갑작스러운 기후 변화가 불가능한 일은 아니다.

과거에 10년보다 짧은 시간에 기후 변화가 일어났다고 한다. 이 시기를 영거 드라이아스(Younger Dryas)라고 한다. 드라이아스는 추운 기후 환경에서 자라는 담자리꽃의 이름이다. 약 12,800년 전쯤 마지막 빙하기 이후 기온이 오르다가 급격하게 한랭해졌다.

영거 드라이아스가 일어난 원인으로는 소행성 혹은 혜성의 충돌, 지구 자기장의 변화, 화산 폭발 등 많은 가설들이 있다. 그중 심층 순환이 멈춘 것도 고전적인 가설 중 하나다.

북반구의 대륙을 뒤덮은 슈퍼 태풍의 위력

영화 속 북부 유럽에는 24시간째 폭설이 내린다. 아일랜드 북부 주민들은 더블린으로 강제 이송되는 상황이다. 왕실 가족을 이동시키고자 헬기가 동원되는데 이동하던 중 거대한 수직 구름벽을 만난다. 이 안으로 들어가는 순간, 바람이 불지 않는 고요한 상태가 유지된다. 그러다 갑자기 계기판에 경고등이 켜지면서 연료관이 얼기 시작하고 헬기가 바닥으로 곤두박질친다. 운이 좋게 살아남은 한 군인이 문을 열고 헬기 밖으로 나오지만 그 자리에서 바로 동사해 버린다.

스코틀랜드 기상센터에 있던 테리 랩슨 교수는 이 말도 안 되는 기온 급강을 잭에게 알리고 도움을 요청한다. 위성 사진과 데이터를 분석한 잭은 육지에서 슈퍼 태풍이 만들어지고 있음을 깨닫는다. 따뜻한 수증기가 공급되기 어려운 육지에서 어떻게 태풍이 생겨날 수 있을까?

잭은 지구 상층부의 찬 공기가 빠르고 강한 하강 기류를 타고 지상으로 내려갔기 때문이라고 설명한다. 이러한 현상이 정말 가능할까? 이런 급격한 온도 변화는 영화적 상상력을 토대로 만든 가설이다. 온난화로 인해 해류 순환이 약해지면서 북극 주변이 점점 차가워지면서 거대한 하강 기류가 발달해 대륙을 뒤덮는 슈퍼 태풍이 등장한다고 본 것이다.

테리 랩슨 교수가 이러한 현상이 북부 유럽에만 일어난 건지 묻자 잭은 시베리아와 캐나다 상공에도 있다고 말한다. 또한 슈퍼 태풍 세 개가 북반구의 대륙을 덮고 있고 예측보다 훨씬 빠른 속도로 지표면을 뒤바꾸고 있으며 폭풍이 끝나고 나서는 빙하기가 찾아올 것이라 이야기한다. 잭은 테리 랩슨 교수에게 그곳에도 곧 태풍이 닥쳐올 테

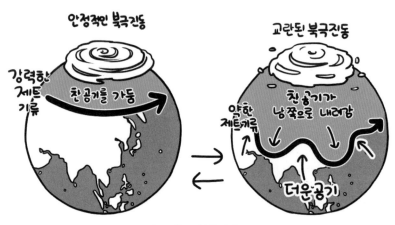

양과 음의 북극진동(AO)

니 얼른 탈출하라고 하지만 교수는 이미 늦었다며 구할 수 있는 사람은 구하라고 잭에게 당부한다.

영화 속 슈퍼 태풍만큼의 위력은 아니지만 중위도 지역의 극심한 기온 변화를 가져다주는 북극 진동(Arctic Oscillation)의 원리를 이해하고 가자. 북극 진동은 북극의 찬 공기가 주기적으로 강약을 되풀이하는 현상이다.

평상시에는 중위도 상층부의 강한 제트 기류(Jet Stream)가 찬 공기가 남쪽으로 내려가는 걸 막는다. 하지만 온난화로 제트 기류가 약해지면 북반구의 찬 공기가 남쪽으로 내려가 한파를 가져다준다. 이로 인해 우리나라도 겨울철에 폭설과 한파 피해를 겪게 된다.

이상 기후를 피해 도망치는 사람들

폭우가 내리기 시작한 뉴욕. 샘과 친구들은 국립 도서관으로 대피한다. 공중전화로 어렵사리 샘은 아버지에게 전화한다. 잭은 샘에게 자신이 그곳으로 갈 테니 절대 밖에 나가지 말고 최대한 체온을 유지하며 버티라고 조언한다. 아들을 찾으러 가기 전에 잭은 정부에 한 번더 상황 보고를 한다.

그는 폭풍을 일으킨 건 기후 불균형 때문이고, 폭풍이 멈추면 눈과 얼음이 북반구를 덮어서 그 눈과 얼음이 태양열을 반사시켜 빙하기가 찾아올 거라고 설명한다. 정부 관계자가 대책을 묻자 잭은 최대한 남쪽으로 가야 한다고 말한다. 잭은 광활한 미국 지도에 가로로 빨간 선을 긋고 이 선을 기준으로 북쪽에 있는 주민들을 남쪽으로 대피시키라고 조언하고 아들을 구하러 떠난다.

이 가로선의 경계는 지리적으로 무엇을 의미할까? 바로 위선이다. 이 선 아래로는 기후가 온화한 선벨트(Sum Belt) 지역이 펼쳐진다. 선벨트는 말 그대로 태양이 비치는 지대다. 춥고 눈이 많이 내리는 스노우 벨트(Snow Belt)와 달리 사람이 살기 좋은 쾌적한 사연환경과 풍부한 석유, 저렴한 노동력 등이 이점이다. 선벨트 지역은 항공 우주 산업, 석유 화학 산업, 첨단 기술 산업이 발달한 곳이기도 하다.

남쪽으로 대피령이 내려지자 눈보라를 피해 멕시코 접경 지역으로 피난 행렬이 이어진다. 갑자기 몰려든 사람들로 멕시코 국경은 폐쇄되고 하루아침에 난민 신세가 되어 버린 미국인들은 살길을 찾아 차를 버리고 소지품만을 든 채 멕시코로 불법 입국을 시도한다.

영화 속에서 기자들은 이 상황을 멕시코와 미국의 입장이 뒤바뀌었다고 보도한다. 실제 현실에서는 수많은 중남미 출신 히스패닉들이 돈을 벌기 위해 미국으로 불법 이민을 시도하고 있기 때문이다. 이를 막기 위해 트럼프 정부 때는 멕시코와의 남부 국경에 길고 높은 장벽을 세우고 불법 이민을 강하게 단속했다. 그러다 트럼프 이후에 당선된 바이든 대통령은 국경 장벽 건설을 취소하는 등 트럼프의 반 이민 정책을 뒤집기 시작했다.

한편 영화 속처럼 기후 때문에 졸지에 난민이 되는 일이 실제로도 일어나고 있다. 유엔난민기구(UNHCR)에 따르면 환경 파괴 및 기후 변화로 인해 고향을 떠난 사람들을 생태학적 난민(Ecological Refugee) 이라고 말한다. 2010년에는 생태학적 난민이 4,200만 명 이상 되는 것으로 확인되었고, 2014년에도 생태학적 난민이 1,700만 명 이상이 추가되었다. 기후학자들은 2025년까지 생태학적 난민의 수가 현재의 4배까지 늘 것으로 예측한다.

안타깝게도 생태학적 난민들 대부분은 현재 국제법 체계에서는 난민의 지위를 인정받지 못하고 있다. 이들이 난민이 된 이유는 우리 모두가 일조한 결과로 일어난 환경 파괴와 기후 변화 때문이다. 대표적인 사례로 지구 온난화 등으로 해수면이 높아지면서 침수될 위기에 놓인 몰디브, 투발루 등의 섬나라와 해안 저지대에 있는 방글라데시가 있다.

내일 모레(The Day After Tomorrow)가 아닌 오늘

영화의 엔딩 장면에서 미국의 부통령이 TV 연설을 시작한다.

"지난 몇 주간 우리는 자연의 분노 앞에서 인간의 무력함을 배웠습니다. 그동안 인류는 지구의 자원을 마음대로 써도 될 권리가 있다고 착각했습니다. 그건 우리의 잘못이었습니다."

영화에 그려진 뒤늦은 반성은 현실의 우리 마음을 무겁게 짓누른다. 그동안 지구의 모든 것을 당연하게 생각하고 마구잡이식으로 개발해 왔기 때문이다. 무책임한 개발을 멈추기 위해서는 어떤 노력이 필요할까? 그 답은 영화 제목에서 찾을 수 있다.

이 영화의 원제는 내일 모레(The day after tomorrow)다. 영화의 제목을 내일(Tomorrow)로 바꾼 이유는 배급사에서 한국인들에게 '내일 모레'는 너무 먼 미래의 이야기처럼 들려 기후 위기의 심각성을 느끼지 못할 것이라고 예상했기 때문이라고 한다. 그러나 우리는 내일도 아닌 당장 오늘부터 기후 변화의 수상한 움직임을 알아차리고 행동으로 옮겨야 한다.

스웨덴 출신의 청소년 환경 운동가 그레타 툰베리는 유엔 기후 행동 정상 회의에서 각 국가의 지도자들을 향해 용기 있게 소리쳤다.

"생태계 전체가 무너져 내리고 있습니다. 우리는 대멸종이 시작되는 지점에 있습니다. 그런데 당신들의 이야기는 전부 돈과 끝없는 경제 성장의 신화에 대한 것뿐입니다. 도대체 어떻게 그럴 수 있습니까? 우리 미래 세대의 눈이 여러분을 향해 있습니다. 우리를 실망하게 한다면 우리는 절대 용서하지 않을 것입니다. 여러분이 이 책임을 피해서 빠져나가도록 내버려 두지 않을 것입니다. 더는 참지 않습니다. 전 세계가 깨어나고 있습니다. 여러분이 좋아하든 아니든, 변화는 다가오고 있습니다."

미래 세대를 대표하는 그녀의 강인한 목소리에 우리 모두 귀를 기울여야 할 때다.